JN411967

산과의 대화

산과의 대화

어느 지질학자의 연구 노트

초판 1쇄 발행 2024년 12월 30일

지은이 최덕근

펴낸곳 서울대학교출판문화원
주소 08826 서울 관악구 관악로 1
도서주문 02-889-4424, 02-880-7995
홈페이지 www.snupress.com
페이스북 @snupress1947
인스타그램 @snupress
이메일 snubook@snu.ac.kr
출판등록 제15-3호

ISBN 978-89-521-3671-8 03450

어느 지질학자의 연구 노트

산과의 대화

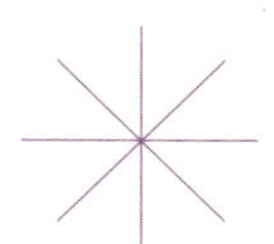

최덕근 지음

서울대학교출판문화원

머리말

우리나라에는 산이 많다. 한반도의 약 70퍼센트는 산으로 채워져 있다. 요즈음 주말에 산에 가면 등산로가 사람들로 북적거린다. 등산(트레킹 포함) 인구가 엄청나게 늘어났기 때문이다. 통계에 의하면, 2000년대 초만 해도 우리나라의 등산 인구는 400만 명이었는데, 지금은 2,000만 명이 넘는다. 성인 2명 중 1명이 산을 찾는다는 이야기이다. 외국인들이 서울에 처음 도착해서 놀라는 것 중 하나가 높은 산이 서울을 병풍처럼 둘러싸고 있는 모습이라고 한다.

나는 서울대학교 관악 캠퍼스에서 생의 많은 부분을 보냈다. 서울대학교가 지금의 관악 캠퍼스로 옮긴 것은 1975년 봄이다. 그 당시 대학원 석사과정에 재학 중이던 나는 동숭동 캠퍼스(지금의 대학로 마로니에공원 자리)에서 관악 캠퍼스로 연구실의 짐을 옮겼다. 이후 미국 유학 시절 4년과 귀국 후 한국동력자원연구소에서 근무한 2년을 빼면, 30년 넘는 세월을 관악 캠퍼스에서 보낸 셈이다. 나는 1986년에 지질과학과(지금의 지구환경과학부) 조교수로 임용되었는데, 부임 후 20년이 넘도록 캠퍼스를 뒤에서 받치고 있는 관악산에는 한 번도 오른 적이 없었다. 야외 조사를 하면서 우리나라 곳곳을 누비고 다녔지만, 정작 가장 가까운 곳에 있는 관악산에는 미처 오를 생각을 하지 못했다.

그러던 2009년 3월 어느 화창한 봄날, 홀로 관악산을 찾았다. 특별한 이유가 있었던 것은 아니었다. 어쩌면 따스한 봄기운이 나를 산으로 불러냈는지도 모른다. 캠퍼스 옆 계곡에 조성된 등산로를 따라 연주대 능선에 올라선 순간, 눈앞에 펼쳐진 관악산 정상의 멋진 모습에 깜짝 놀랐다. 관악산 꼭대기에 웅장한 화강암 바위들이 아름다운 조형미를 뽐내며 서 있었다. 그날 관악산은 우리의 산을 새로운 시각으로 바라보게 해주었다. 그날 이후, 산의 매력에 푹 빠진 나는 주말이면 모든 일을 제쳐 두고 산을 찾았다. 서울 주변에 있는 북한산, 도봉산, 수락산, 불암산, 청계산은 물론, 우리나라의 대표적 명산인 설악산, 오대산, 태백산, 속리산, 덕유산, 지리산, 한라산도 모두 올랐다. 이순耳順을 넘긴 뒤에야 우리 조상들이 우리나라를 왜 '삼천리금수강산'이라고 칭송했는지 깨달았다.

서울대학교 지질학 전공 교수들은 매년 연말이면 퇴임 교수님들을 모시고 송년 모임을 한다. 2010년 송년 모임에서 내가 산행을 하면서 산의 매력에 푹 빠졌다고 말씀드렸더니, 대학 시절 은사셨던 이상만 교수께서 도산謟山이라는 호號를 지어 주셨다. 도산은 '산과 대화하다'라는 뜻이어서 마음에 들었다. 나는 정말 산과 대화하고 싶다. 산과 산을 이루고 있는 암석들을 보며 언제 어디서 어떻게 태어났는지, 그리고 어떻게 살아왔는지 묻고 싶다. 이 책의 제목을 '산과의 대화'로 정한 이유이다.

사실 산과 대화한다는 것은 말이 되지 않는다. 20세기 초엽에 대륙이동설을 주창했던 독일의 기상학자 알프레트 베게너Alfred Wegener가 자신의 가설을 싫어하는 지질학자들을 향해 내뱉은 독백獨白이 떠오른다.

> "진실은 어디에 있는 것일까? 지구는 어느 한 순간 오로지 한 모습만 보여 준다. 게다가 지구는 어떤 내용도 쉽게 알려 주지 않는다. 지구를 연구하는 일은 마치 묵비권을 행사하는 피고에게 판결을 내려야 하는 판사의 일과 같다. 판사는 모든 가능한 정황을 판단해 그로부터 진실을 밝혀내야 한다. 단편적인 증거만 가지고 판결을 내리는 판사를 당신들은 어떻게 평가하겠는가? 지질학자들은 아직도 풀어야 할 문제의 핵심을 충분히 이해하지 못하고 있는 것 같다. 그들은 지구의 과거를 밝히기 위해 더욱 노력해야 한다. 그 문제를 해결하기 위해 지질학자들은 가능한 한 많은 증거를 모아 종합적으로 해석해야 할 것이다."

그렇다. 산과 대화하고 싶다고 말했지만, 사실 지질학자는 묵비권을 행사하는 산과 암석을 통해 과학적 사실을 알아내야 하는 것이다.

나의 연구 분야는 지질학 중에서 고생물학이다. 고생물학은 옛날에 살았던 생물의 유해, 즉 화석化石을 연구하는 지질학의 한 분야이다. 나는 주로 삼엽충을 연구했다. 삼엽충은 지구상에 가장 먼저 출현한 동물 중 하나로, 5억 2,100만 년 전에 등장해 캄브리아기의 바다에서 크게 번성했다. 그래서 캄브리아기를 '삼엽충의 시대'라고 부르기도 한다.

우리나라에는 삼엽충 화석이 많다. 특히 삼엽충이 많이 발견되는 곳은 강원도 남부 지역의 태백과 영월 일대이다. 우리나라 지질학계에서는 이 지역을 '태백산분지太白山盆地'라고 부른다. 태백산분지는 고생대 퇴적층이 모여 있는 곳으로, 주로 캄브리아-오르도비스기의 조선누층군朝鮮累層群과 석탄-페름기의 평안누층군平安累層群이 분포하고 있다. 삼엽충은 대부분 캄브리아-오르도비스기 퇴적층인 조선누층군에서 발견되었다.

내가 삼엽충을 연구하기 시작한 것은 1980년대 중반이다. 처음에는 태백산분지의 조선누층군에 얼마나 많은 종류의 삼엽충이 있는지 알아내는 데 연구의 초점을 맞추었다. 삼엽충을 연구하는 중요한 목적 중 하나는 삼엽충이 들어 있는 퇴적암의 지질시대를 알아내는 것이다. 10여 년을 연구한 결과 조선누층군의 층서層序와 지질시대, 그리고 삼엽충의 산출 양상을 알아냈다. 그러고 나자 삼엽충이 살았던 당시 태백산분지의 모습이 궁금해 또 10여 년을 공부했고 약 5억 년 전 태백산분지가 지금의 서해처럼 얕은 바다였다는 사실을 알게 되었다.

2011년, 우연한 기회에 충청도 일대에 분포한 퇴적층인 옥천누층군沃川累層群을 연구하게 되었다. 옥천누층군이 신원생대의 눈덩이지구 빙하시대 언저리에 쌓였다는 해석을 바탕으로, 옥천누층군이 쌓였던 곳은 지금의 동해와 비슷한 바다였음을 알아냈으며, 옥천누층군이 분포한 지역을 '충청분지忠淸盆地'라고 부를 것을 제안했다. '눈덩이지구 빙하시대'란 약 7억 년 전 지구가 온통 빙하로 덮여 있던 시대로, 지구의 역사에서 매우 특이한 시기였다.

나는 태백산분지와 충청분지에 관한 연구 내용을 종합해 2014년 『한반도 형성사』라는 책으로 담아냈다. 『한반도 형성사』는 지질학자들을 위한 전문서이다. 그리고 한반도가 만들어지는 과정에서 일어난 여러 흥미로운 사건을 일반 독자에게도 들려주고 싶어 2016년에 『10억 년 전으로의 시간 여행』이란 교양서를 출간했다.

그 후 독자들이 책의 내용을 직접 관찰하고 싶다며, 내게 안내해 줄 수 있느냐는 요청을 해왔다. 나는 그들의 요청을 받아들여 태백산분지와 충청분지를 여러 차례 답사했다. 이 과정에서 우리나라 암석에 관심이 많은 사람들이 많다는 사실을 알게 되었다. 그리고 그들처럼 암석에 관심이 많은 사람들을 위해 그동안 연구했던 내용을 좀 더 쉽게 읽을 수 있는 책으로 펴내야겠다고 생각했다. 그렇게 이 책을 집필하게 된 것이다.

이 책은 내가 암석을 연구하는 과정에서 겪었던 경험담이 담겨 있다. 그래서 '어느 지질학자의 연구 노트'라는 부제를 붙였다. '제1부 고생대로의 초대'에서는 태백산분지를 연구하는 과정에서 일어난 일들을 서술하고, '제2부 신원생대로의 초대'에서는 충청분지를 연구한 과정을 다룬다. 연구 과정에서 겪은 시행착오를 이야기하면서 내가 지질학이라는 학문에 어떻게 접근했고 어떻게 이해했는지 전달하고자 했다.

이 책을 통해 사람들이 우리나라의 산과 암석을 좀 더 이해할 수 있기를 기대한다. 나의 삼엽충 연구에 동행해 준 서울대학교 고생물학 연구실의 모든 제자들에게 고마운 마음을 전한다. 마지막으로, 이 책을 출간해 준 서울대학교출판문화원에 고마움을 전한다.

도산재 韜山齋 에서

2024년 겨울

최덕근

차례

✳

제1부

고생대로의 초대

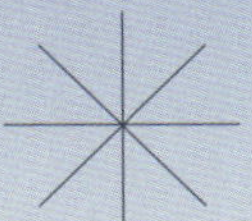

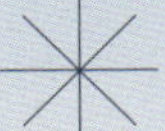

①

태백산에 오르다

2009년 5월 마지막 주말, 나는 혼자 태백으로 향했다. 생애 처음으로 태백산에 오르기 위해서였다. 지난 3월 관악산에 처음 오른 후, 주말마다 서울 주변 산들을 섭렵하다 1박 2일 일정으로 태백산을 찾았다. 31번 국도를 타고 화방재를 넘어 유일사 주차장에 주차한 후, 잘 닦인 등산로를 따라 오르기 시작했다. 5월의 신록이 짙게 드리워진 숲길을 걸어 태백산 주 능선에 올라섰다. 백두대간을 대표하는 태백산 주 능선 좌우로 듬성듬성 서 있는 멋진 주목들의 모습에 연신 카메라 셔터를 누르며 오르다 보니 금세 정상에 도착했다.

태백산에서 가장 높은 곳은 해발 1,567m의 장군봉이다. 태백산은 우리나라를 대표하는 명산 중 하나지만, 정상은 평탄하고 밋밋하여 산세가 그다지 멋지지 않다. 태백산이라는 표지가 있는 정상에는 돌을 어설프게 쌓아 만든 천제단天祭壇이 있는데(그림 1), 천제단에서는 매년 10월 3일 개천절에 천제를 지낸다. 장군봉 부근에 드러나 있는 암석은 모래와 자갈로 이루어진 퇴적암이다.

그림 1 태백산 정상에 세워진 표지석과 천제단

지질학자가 퇴적암 지역을 조사할 때 가장 먼저 하는 일은 그 지역의 퇴적암을 퇴적 순서에 따라 구분하는 것이다. 어느 지역의 퇴적암을 구분할 때 기본이 되는 단위를 '층層'이라고 한다. 장군봉 부근에 있는 퇴적암은 자갈이 들어 있는 사암砂岩으로 장산층壯山層에 속한다. 장산층은 캄브리아기에 태백산분지에서 가장 먼저 쌓였다. 태백산 정상에 장산층이 분포한다는 사실은 이곳이 태백산분지의 가장자리 부근임을 알려 준다.

천제단 근처 작은 바위에 걸터앉아 땀을 식히면서 북쪽을 바라보았다. 저 멀리 우뚝 솟은 함백산(높이 1,572m)이 있었고, 그 너머로 크고 작은 산봉우리들이 겹겹이 줄지어 서 있었다. 내가 앉은 곳은 1,500m가 넘는 높은 산봉우리지만, 5억 2,000만 년 전에는 육지에서 멀지 않은 얕은 바다였다. 태백산에서 북쪽으로 강릉, 서쪽으로 영월, 단양, 문경에 이르는 지역이 약 5억 년 전에는 오늘날의 서해처럼 얕은 바다였다. 내가 삼엽충 연구를 시작해서 약 5억 년 전 태백산분지가 오늘날의 서해와 비슷한 바다였다는 사실을 알아내기까지는 무려 20년이 넘는 세월이 걸렸다.

내가 태백산분지를 연구하기 시작한 것은 1986년이다. 처음에는 태백산분지에서 어떤 종류의 삼엽충 화석이 산출되는지 알아내는 데 초점을 맞추었다. 10여 년을 연구해 태백산분지에서 산출되는 삼엽충 화석에 관한 현황을 개략적으로 파악했다. 그러자 삼엽충이 살았던 5억 년 전 태백산분지의 모습이 궁금했다. 연구를 시작할 때는 태백산분지의 캄브리아-오르도비스기 퇴적층이 태평양처럼 넓은 대양의 가장자리에 쌓였을 것이라는 가정에서 출발했다.

태평양처럼 넓은 바다를 지형적으로 나누면, 육지로부터 가까운 순서에 따라 대륙붕, 대륙사면, 대륙대, 심해저평원으로 구분된다. 대륙붕은 육지에 가장 가까운 지역으로 수심 200m 미만의 얕은 지역을 말한다. 대륙붕 끝부분의 급경사 구간을 '대륙사면'이라고 부르는데, 수심이 최대 3,500m에 이른다. 대륙대와 심해저평원은 그보다 더 깊은 곳이다.

그런데 연구를 진행하면서 태백산분지에서 만난 캄브리아-오르도비스기 퇴적암들이 모두 대륙붕 환경에서 쌓였다는 것을 알게 되었다. 대륙붕과 대륙사면은 지리적으로 연결되어 있기 때문에 태백산분지의 캄브리아-오르도비스기 퇴적층들이 만약 태평양 같은 대양에서 쌓였다면 태백산분지 어딘가에 대륙사면에서 쌓인 퇴적층이 있어야 했다. 그러나 한동안 찾아다녔음에도 태백산분지 어디에서도 대륙사면 퇴적층을 찾을 수 없었다.

10여 년을 아무런 성과 없이 보내다가 2007년 문득 태백산분지가 태평양 같은 바다가 아니었을 수도 있다는 생각이 들었다. 대륙사면에서 쌓인 퇴적암이 없다는 것은 태백산분지가 대륙사면으로 이어진 바다가 아니라는 뜻이었다. 마치 오늘날의 서해처럼……. 서해는 바다지만, 사실 대륙의 낮은 부분에 바닷물이 들어와 만들어진 연해沿海로 평균 수심이 55m이고, 가장 깊은 곳도 150m에 불과하다.

나는 태백산분지가 서해 같은 바다였다는 생각을 바탕으로 약 5억 년 전 한반도 주변의 고지리도古地理圖를 새롭게 그렸다(그림 2). 그리고 약 5억 년 전 태백산분지에 있던 바다를 '조선해朝鮮海'라고 명명했다. '조선해'는 태백산분지의 캄브리아-오르도비스기 퇴적층인 조선누층군이 쌓인 바다라는 의미를 반영한 것이다. 새롭게 그린 고지리도는 그동안 이해하기 어려웠던 여러 문제를 설명하는 데 큰 도움이 되었다.

2009년 봄에 난생 처음 태백산에 오른 것은 태백산에 미안한 마음을 가지고 있었기 때문이다. 나는 그동안 태백산분지의 삼엽충 화석을 연구해 50편이 넘는 논문을 발표했다. 태백산분지는 나에게 좋은 연구거리를 제공해 주었고, 과학자로서 연구하는 재미도 안겨 주

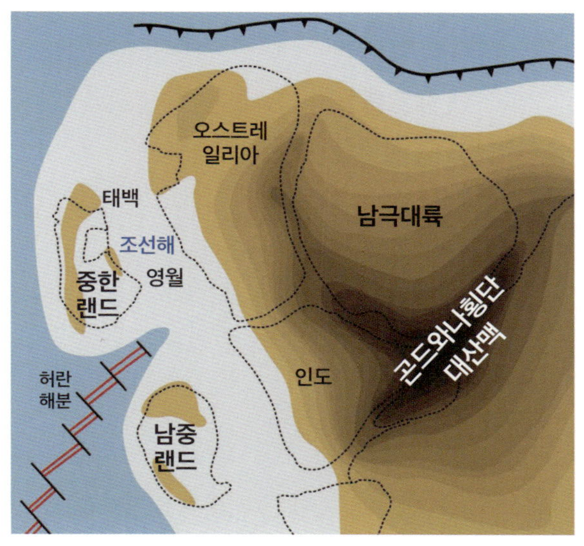

그림 2
5억 년 전 고지리도

었다. 그러나 나는 20년이 넘도록 태백산 일대를 조사하면서 2시간 남짓이면 오를 수 있는 태백산 정상에는 한 번도 오르지 않았다.

태백산 정상에 오르지 않은 것은 단지 그곳에서 삼엽충 화석이 산출되지 않았기 때문이다. 이에 대한 미안함과 속죄의 마음으로 2009년 태백산에 오른 뒤 한동안 새해가 밝으면 태백산을 가장 먼저 찾았다. 태백산에서 바라보는 일출이 멋있기도 하지만, 태백산에 고마운 마음을 표하기 위해서였다.

1986년, 태백으로 향하다

1986년 봄, 강원도 태백으로 가는 열차에 몸을 실었다. 태백에서 지질 조사도 하고 화석도 찾기 위해서였다. 태백 일대는 고생대층이 분포해 지질학 분야에서 '태백산분지'라고 불린다. 태백산분지는 강원도 남부와 충청북도 북부, 경상북도 북부를 아우르는 지역으로, 주로 캄브리아-오르도비스기와 석탄-페름기 지층이 분포하고 있다(그림 3). 따라서 태백산분지에는 고생대 석탄층과 석회암이 분포해 탄광(지금은 많이 없어졌지만)과 시멘트 공장이 많다.

나의 태백산분지 연구는 1986년 서울대학교 부임과 함께 시작되었다. 당시 서울대학교 지질학 전공 교수들은 교육부로부터 5년 동안 지원받는 연구 과제를 공동으로 수행하고 있었는데, 연구 대상 지역이 태백산분지였다. 그 연구 과제는 1986년에 연구 제3차년도에 접어들었고, 나는 공동연구원으로 참여하게 되었다. 나는 고생물학 전공이기 때문에 태백산분지에서 산출되는 화석 중에서 무언가 새로

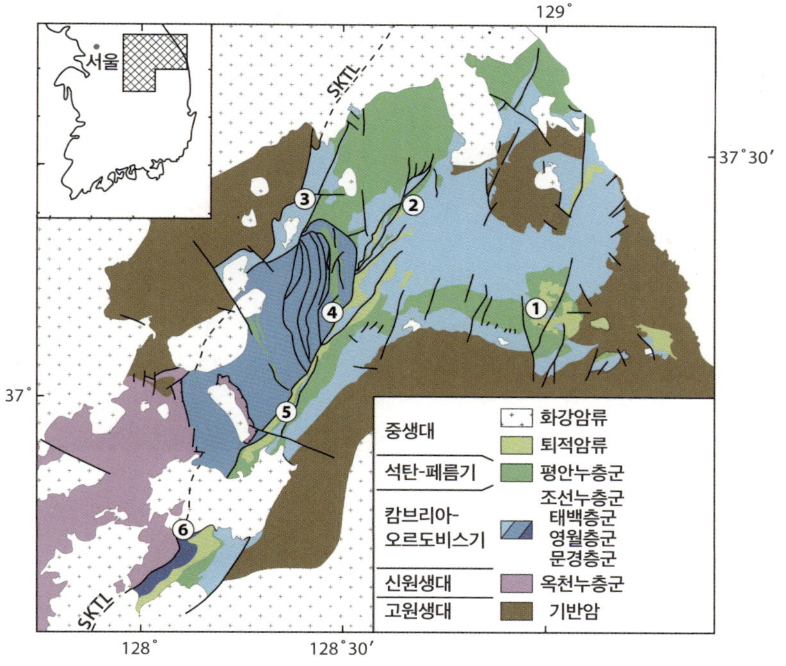

그림 3 태백산분지의 지질도.
① 태백, ② 정선, ③ 평창, ④ 영월, ⑤ 단양, ⑥ 문경, SKTL: 남한구조선.

운 연구거리를 찾아내야 했다.

서울대학교에 부임하기 전 나는 주로 중생대 백악기와 신생대의 포자화분화석을 연구했다. 그러나 태백산분지의 암석은 대부분 고생대층이어서 포자화분화석을 연구할 수 없었다. 포자화분胞子花粉이란 식물의 번식기관으로, 포자(또는 홀씨)는 이끼류와 고사리류의 생식세포를 말하며, 화분 또는 꽃가루는 종자식물의 수술에 들어 있는 번식기관을 말한다. 예를 들면, 봄철에 바람에 흩날리는 송홧가루가 소나

그림 4 태백시 구문소 부근에 드러난 암석

무의 화분이다. 고생대층에도 포자화분화석은 들어 있지만, 태백산분지의 고생대층은 높은 열변성熱變性으로 인해 포자화분화석이 파괴되어 연구할 수 없었다.

태백에 도착해서 맨 처음 찾아간 곳은 태백 팔경八景 중 하나인 구문소求門沼였다(그림 4). 구문소는 낙동강 상류의 지천支川인 황지천과 철암천이 합류하는 곳에 형성된 작은 못으로, 주변 경관이 멋져 사람들이 많이 찾는 관광명소였다. 황지천의 오랜 침식작용으로 석회암 암벽이 뚫리면서 작은 못이 만들어졌고, 구문소 위아래 하천 바닥에 암석이 잘 드러나 있었다.

나는 구문소 부근을 조사 지역으로 선정했다. 구문소 부근은 1968년 대학 2학년 때 처음으로 야외 조사 실습을 갔던 곳이다. 그래서 고생대층이 잘 드러나 있는 것을 알고 있었다. 대학에 부임해서 처음 연구비 지원을 받는 연구 과제여서 무언가 연구 결과를 내놓아야 했는데, 구체적인 목표가 없었던 나는 막연히 구문소 부근의 암석을 조사하기 시작했다. 솔직히 그때 나는 태백산분지에서 무엇을 연구해야 할지도 잘 몰랐다. 돌이켜 보면, 태백 지역의 고생대층을 연구하기로 한 것은 무모한 결정이었는데, 결과적으로는 잘한 셈이었다.

1980~1990년대에는 교육부로부터 연구비를 받으면 매년 연말에 반드시 연구 결과 보고서를 제출해야 했다. 그런데 지질학의 학문적 특성상 1년 연구해서 결과물을 만들어 내기란 거의 불가능하다. 왜냐하면 새로운 지역을 조사해 암석의 형성 과정을 제대로 이해하기까지는 보통 몇 년씩 걸리기 때문이다. 여하튼 당시에는 연구가 마무리되지 않아도 결과 보고서를 제출해야 했으니, 보고서의 내용이 부실할 수밖에 없었다.

연구 결과 보고서와 관련해 더욱 놀랄 만한 사실은 그 당시에 결과 보고서를 200자 원고지에 작성했다는 점이다. 게다가 결과 보고서 원본 외에 복사본 2부를 함께 제출해야 했기 때문에 보고서의 양이 엄청났다. 물론 지금은 연구 결과 보고서를 컴퓨터로 쉽게 입력할 수 있고, 학술지에 발표된 논문 파일을 연구재단의 홈페이지에 업로드하면 되기 때문에 매우 합리적이고 편리해졌다.

1990년대 중반 우리나라 대학 사회에서는 'Publish or Perish'라는 말이 나올랐다. '논문을 출판하라, 그렇지 않으면 망할 것이다'라는 뜻이다. 대학교수들이 대학에서 살아남으려면 좋은 논문을 많이 발표해야 한다는 현실을 단적으로 표현한 말이다. 'Publish or Perish'

는 원래 미국 대학에서 신임 교수가 정년 보장tenure을 받는 부교수로 승진하는 과정을 풍자한 데서 유래했다. 미국 대학에서는 신임 교수가 정년 보장을 받으려면 좋은 논문을 많이 발표해야 하고, 대학에서 정한 일정한 수준에 도달하지 못하면 대학에서 쫓겨나기 때문이었다.

1990년대 이전만 해도 서울대학교에서는 조교수에서 부교수, 부교수에서 정교수로 승진할 때 재임 기간에 논문 서너 편만 발표하면 되었다. 당시는 논문의 질을 평가할 수 있는 객관적인 척도尺度가 없었기 때문에, 논문의 양이 승진 심사에서 가장 중요한 지표였다. 논문이 실린 학술지의 수준과 상관없이 모두 똑같이 취급했다. 사실 1990년대에는 국내 학술지나 대학 학술지의 논문 심사가 상대적으로 까다롭지 않았기 때문에 급하면 소속 대학에서 발간하는 학술지에 논문을 투고해 승진을 위한 논문 개수를 채우는 일이 흔했다. 그러한 행태는 당시 우리나라 거의 모든 대학에서 비슷했다. 그래서 대부분의 대학교수는 큰 어려움 없이 조교수에서 부교수로, 부교수에서 정교수로 승진할 수 있었다. 당시 비판적인 사람들은 그러한 대학교수 사회를 '철밥통'이라고 표현하기도 했다.

그러다가 1990년대 후반부터 서울대학교 자연과학대학에서는 교수들의 승진 심사에서 발표 논문의 우수성을 고려하기 시작했다. 그런데 객관적인 지표가 없었기 때문에 국제 학술지에 발표된 논문으로 제한했다. 국제 학술지 중에서도 SCIScience Citation Index에 등재된 학술지로 국한시켰다. SCI는 '과학논문인용색인'으로, 미국과학정보연구소Institute for Scientific Information에서 우수한 학술지로 선정한 목록을 말한다. 그 바람에 대학 사회에 찬바람이 불기 시작했다. 그리고 몇 년 후 승진 요건을 충족하지 못한 사람들이 대학에서 쫓겨나는 일이 실제로 일어났다. 1995년에 정교수로 승진했던 나는 그 영향을 받지 않았다.

태백산분지는 고생대층의 요람

태백산분지는 우리나라 고생대층의 대부분이 분포하고 있어 고생대층의 요람搖籃이라고 할 수 있다. 태백산분지의 지질학적 중요성을 이해하기 위해서는 한반도의 지질과 지체구조에 대한 거시적인 지식이 필요하다. 한반도는 면적이 작지만, 시기를 달리하는 다양한 암석이 분포하고 있다. 암석은 크게 화성암, 퇴적암, 변성암으로 나뉘는데, 한반도에는 이 세 암석이 비교적 고르게 섞여 있다.

어느 지역을 암석의 종류와 지질시대에 따라 구분해 지도에 표시한 것을 지질도地質圖라고 한다. 한반도 지질도(그림 5A)를 보면 무척 복잡하다. 한반도에 다양한 시대의 다양한 암석이 복잡하게 어우러져 있다는 것은 그만큼 땅덩어리의 역사가 복잡했음을 의미한다. 지질학에 매우 해박한 사람이라도 그림 5A처럼 복잡한 한반도 지질도를 보고 한반도 땅의 역사를 읽어 내기는 거의 불가능하다. 따라서 한반도 땅의 역사를 쉽게 이해하기 위해서는 암석을 지질시대와 생성 과정에 따라 큰 덩어리로 묶어서 생각해 봐야 한다.

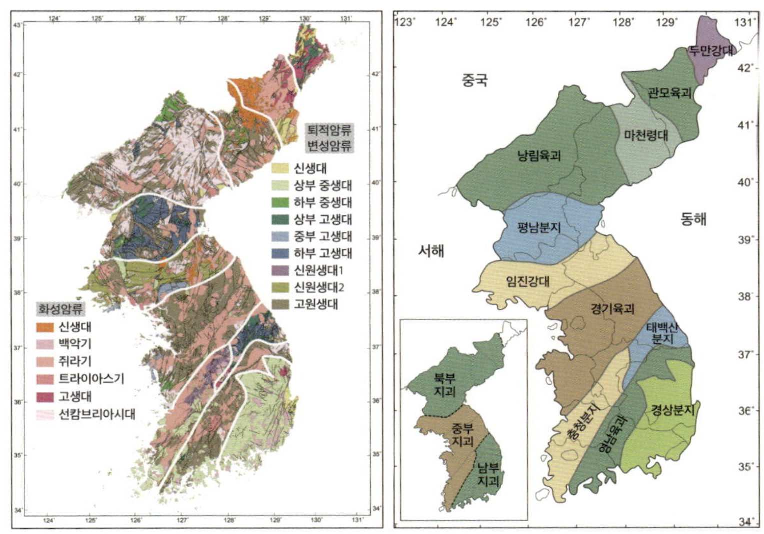

그림 5 한반도의 지질도(왼쪽, A)와 지체구조도(오른쪽, B)

어느 지역을 암석의 생성 시기와 생성 이후 암석이 겪은 역사를 바탕으로 몇 개의 땅덩어리로 구분한 지도를 '지체구조도地體構造圖'라고 한다. 나는 2014년에 발간한 『한반도 형성사』에서 한반도를 3개의 지괴와 11개의 지체구조구로 구분한 지체구조도(그림 5B)를 제시했다. 지체구조구地體構造區는 '비슷한 시기에 생성된 암석이 거의 같은 역사를 겪은 지역'으로, 지괴地塊는 '역사적으로 함께 움직인 지체구조구 몇 개를 묶은 땅덩어리'로 정의했다.

또한 한반도를 3개의 지괴로 나누어 북부지괴, 중부지괴, 남부지괴라고 명명했다. 북부지괴는 관모육괴, 마천령대, 낭림육괴, 평남분지를 포함한다. 관모육괴, 마천령대, 낭림육괴는 주로 신시생대/고원생대의 변성암류으로 이루어지고, 평남분지에는 주로 고생대층이 분포한다. 중부지괴는 임진강대, 경기육괴, 충청분지를 포함한다. 경기육괴는 주로 고원생대와 고생대의 변성암류로 이루어져 있고, 임진강대와 충청분지는 주로 신원생대 변성퇴적암이 넓게 분포해 있다. 남부지괴는 태백산분지, 영남육괴, 경상분지를 아우른다. 영남육괴는 주로 고원생대 변성암류으로 이루어져 있고, 태백산분지와 경상분지는 각각 고생대층과 중생대층으로 채워져 있다. 북쪽 끝에 있는 두만강대는 암석이 다른 지체구조구의 암석과 어울리지 않아 독립된 지체구조구로 다루었다. 그리고 그림 5B에 표시하지 않았지만, 한반도 지질 논문에서 자주 등장하는 옥천대沃川帶는 태백산분지와 충청분지가 합쳐진 복합지체구조구로 다루었다.

여기서 육괴陸塊는 지형적으로나 구조적으로 특정한 방향성을 보여 주지 않는 암석들이 모여 있는 지역으로 보통 나이가 많은(18억~25억 살) 변성암으로 이루어져 있다. 대帶 또는 습곡대褶曲帶는 암석이 습곡이나 단층에 의해 복잡하게 변형된 지역을 말하며, 일반적으로 판과 판이 충돌하는 과정에서 형성된다. 현재 지구상에서 알려진 대표적인 습곡대로는 히말라야-알프스 습곡대가 있다. 분지盆地는 특정 시기의 퇴적층들이 모여 있는 지역을 가리킨다.

한반도 지체구조도에서 한반도를 3개의 지괴로 나눈 이유는 캄브리아-오르도비스기 삼엽충의 특성을 바탕으로 중생대 이전 북부지괴와 남부지괴는 중한랜드에 속했지만, 중부지괴는 남중랜드에 속했다고 생각했기 때문이다. 중한랜드와 남중랜드는 약 2억 5,000만

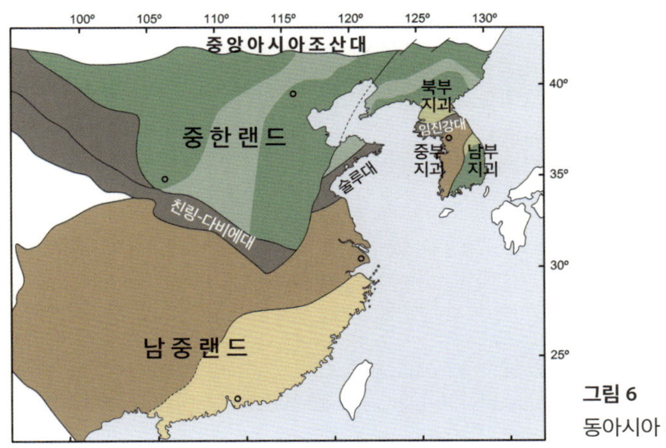

그림 6
동아시아 지체구조도

년 전에 합쳐지기 시작해 오늘날 동아시아 대륙의 기본 골격을 완성한 것으로 알려져 있다.

한반도는 동아시아에 속한다. 그래서 한반도의 지체구조를 논하기에 앞서 한반도가 속한 동아시아의 지체구조에 대한 거시적 이해가 필요하다. 현재 동아시아를 이루는 땅덩어리는 중생대 이전에 중한랜드와 남중랜드로 나뉘어 있었다(그림 6). 여기서 '랜드land'는 '지질시대를 통해 한동안 한 덩어리를 이루며 움직였던 땅덩어리'로 정의했다. 중한랜드Sino-Korean Land는 북중국 대부분과 한반도의 북부지괴와 남부지괴를 포함하는 땅덩어리이다. 북쪽으로는 중앙아시아조산대Central Asian Orogenic Belt와 만나고, 남쪽으로는 친링-다비에-술루-임진강대Qinling-Dabie-Sulu-Imjingang Belt를 경계로 남중랜드와 만난다. 남중런드South China Land는 남중국의 대부분과 한반도의 중부지괴를 아우른다.

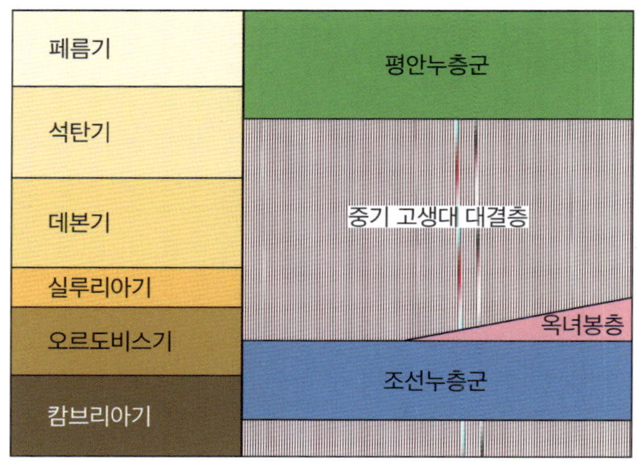

그림 7
태백산분지의 고생대 층서 요약

태백산분지는 남부지괴에 속한다(그림 5B). 남동쪽으로는 영남육괴, 북서쪽으로는 경기육괴와 만난다. 태백산분지는 서남쪽에서 충청분지와 만나며, 태백산분지와 충청분지를 나누는 경계를 남한구조선南韓構造線이라고 한다(그림 3). 태백산분지의 고생대층은 캄브리아-오르도비스기 지층(조선누층군과 옥녀봉층)과 석탄-페름기 지층(평안누층군)으로 이루어져 있다(그림 7). 조선누층군과 옥녀봉층은 영남육괴의 선캄브리아시대 암석 위에 부정합으로 놓여 있으며, 이들은 다시 평안누층군에 의해 부정합으로 덮여 있다. 조선누층군과 평안누층군은 약 1억 4,000만 년에 해당하는 평행부정합에 의해 나뉜다. 이 평행부정합은 중한랜드의 중요한 특징으로, '중기 고생대 대결층'으로 불린다. 대결층大缺層이란 오랫동안 퇴적 기록이 없는 기간을 의미한다.

조선누층군은 5억 2,000만 년에서 4억 6,000만 년 전 얕은 바다에서 쌓였다. 조선누층군은 지역에 따라 층서와 삼엽충 화석군의 내용이 다르기 때문에 태백층군, 영월층군, 문경층군으로 구분된다(그림 3). 태백산분지에서 특별히 기억할 사항은 조선누층군의 문경층군 위에 후기 오르도비스기(4억 5,200만~4억 4,500만 년 전) 화산암층인 옥녀봉층이 놓여 있는 점이다.

태백산분지에서 평안누층군의 퇴적작용이 다시 시작된 것은 약 3억 2,000만 년 전이다. 평안누층군은 후기 석탄기에 대륙 연변부의 얕은 바다, 페름기에는 주로 충적평야에서 쌓이다가 약 2억 5,000만 년 전에 퇴적작용이 끝났다. 그러므로 태백산분지에는 고생대 때 한반도에서 일어난 사건들이 오롯이 기록되어 있다고 할 수 있다. 한반도 땅의 역사를 연구할 때 태백산분지가 중요한 이유이다.

암석, 왜 연구할까?

돌과 바위는 우리 주변에서 흔히 볼 수 있다. 그러나 대부분의 사람은 암석(돌과 바위)에 별다른 관심을 보이지 않는다. 수석壽石을 좋아하거나 조경석造景石 사업을 하는 사람이 아니라면 암석에 관심을 가질 이유가 없다. 그런데 지질학자들은 암석에 관심이 많다. 지질학자들은 암석을 연구해 암석이 간직하고 있는 역사를 탐구한다.

사람들은 역사에 관심이 많다. 우리나라의 역사를 알기 위해서는 이 땅에 살았던 조상들이 남겨 놓은 기록을 연구해야 한다. 조상들이 남긴 유물을 조사하고, 때로는 암호처럼 쓰인 상형문자나 그림을 해독하며, 한자漢字를 공부해 옛 문헌을 읽는다. 우리는 초·중·고등학교 과정에서 국사國史를 자세히 배운다. 우리 민족의 뿌리와 정체성을 알아야 하기 때문이다.

그런데 대부분 우리가 살고 있는 땅의 역사에 대해서는 별다른 관심을 보이지 않는다. 사람들은 은연중에 마치 땅은 영원히 변하지 않는 것처럼 여긴다. 그러나 '10년이면 강산도 변한다'라는 말이 있다. 이는 마을이나 마을 주변을 감싸고 있는 인위적 환경이 시간의 흐름에 따라 변하는 데서 나온 말이다. 그런데 실제로 지질학의 핵심 이론인 판구조론板構造論에 의하면 지구의 겉 부분을 이루는 판은 1년에 몇 센티미터씩 움직인다. 우리가 감지할 수 없을 정도로 무척 느리게 움직이지만 1억 년 후에는 수천 킬로미터를 이동하게 된다. 이런 과정을 통해 땅의 모습은 끊임없이 바뀐다.

땅은 이동하는 과정에서 겪은 일들을 암석에 기록해 놓는다. 언제, 어디서, 어떻게 태어났는지, 그리고 어떤 일들을 겪었는지 등이 암석에 고스란히 기록되어 있다. 중요한 것은 암석에 기록된 내용을 어떻게 읽느냐 하는 점이고, 암석에 기록된 내용을 읽어 내는 학문 분야가 바로 지질학地質學이다. 역사학자들이 우리 한민족韓民族의 역사를 알아내고 싶어 하는 것처럼, 지질학자들은 한반도韓半島를 이루고 있는 땅의 역사를 알아내고자 한다.

어느 지역의 연구 계획을 세울 때, 지질학자는 그 지역의 암석이 언제, 어디서, 어떻게 만들어졌는지 알아내고자 한다. 그것을 알면 땅의 역사를 편찬할 수 있기 때문이다.

'언제when'는 암석이 생성된 시대를 말한다. 화성암이나 변성암은 방사성 동위원소(대표적인 방사성 동위원소는 우라늄)를 이용한 절대연령을 측정해 암석의 생성 시기를 알아낼 수 있다. 그러나 퇴적암은 이 방법으로 생성 시기를 알아낼 수 없다. 왜냐하면 퇴적암의 절대연령을 측정하면 퇴적암의 퇴적 시기가 아니라 퇴적암을 이루는 광물 알갱이의 생성 시기를 알려 주기 때문이다. 그런데 다행스럽게도 암석 속에 들어 있는 화석에서 퇴적암의 생성 시기를 알아낼 수 있다. 지구 생물계는 시간의 흐름에 따라 끊임없이 변해 사라지기도 하고 새로운 종류가 나타나기도 한다. 한번 사라진 생물이 먼 훗날 다시 나타나는 경우는 없다. 그러므로 화석을 연구하면 화석이 들어 있는 퇴적암의 생성 시기를 알아낼 수 있다.

'어디서where'의 문제, 즉 암석이 어디에서 만들어졌는지를 다루는 고지리古地理의 문제는 간단치 않다. 판구조론에 의하면 지구 겉부분은 여러 개의 판으로 이루어져 있으며, 각 판은 서로 상대적으로 움직인다. 현재 지구에는 7개의 큰 판과 10여 개의 작은 판이 있는데, 이 판들은 1년에 몇 센티미터씩 움직인다. 그러므로 지구 탄생 이후 대륙과 해양의 모습은 끊임없이 바뀌어 왔을 것이다. 때로는 대륙이 합쳐지기도 하고, 때로는 대륙이 갈라지면서 새로운 해양이 탄생하기도 했다. 현재에 가까운 시대는 고지리를 알아내기가 비교적 쉽지만, 과거로 거슬러 올라갈수록 어려워진다. 그래도 그동안 세계 곳곳에 있는 많은 지질학자의 연구에 의해 고지리에 얽힌 비밀이 많이 밝혀졌다.

마지막으로 '어떻게how'의 문제를 밝히기 위해서는 지질학의 다양한 분야(암석학, 광물학, 고생물학, 구조지질학 등)에 관한 기초지식이 필요하다. 기본적으로 암석이 어떻게 형성되는지 알아야 한다. 암석의 형성 과정을 이해하기 위해서는 판구조론의 지식도 필요하다. 우리가 잘 알고 있는 것처럼 암석은 크게 화성암, 퇴적암, 변성암으로 구분된다.

화성암은 지하 깊은 곳에 있던 마그마가 위로 올라오는 과정에서 굳어 만들어진다. 화성암을 대표하는 암석으로는 우리 주변에서 쉽게 만날 수 있는 화강암과 현무암이 있다. 화강암은 지하 깊은 곳에서 굳어 만들어지고, 현무암은 화산이 분출할 때 지표로 흘러나온 용암이 식어서 만들어진다. 퇴적암은 물이나 바람 또는 빙하의 활동에 의해 쌓인 퇴적물이 굳어 만들어진다. 퇴적암은 보통 바다, 호수, 하천, 사막에서 형성되기 때문에 퇴적암을 연구하면 그 암석이 만들어진 당시의 환경을 알아낼 수 있다. 변성암은 어떤 암석이 지하 깊은 곳으로 들어갔을 때 높은 온도와 압력의 영향으로 물리화학적 특성이 변해 만들어진다. 온도와 압력이 높아짐에 따라 암석의 변성도가 증가하고, 변성도에 따라 다양한 종류의 변성암이 만들어진다.

판구조운동에 의해 지구의 암석은 끊임없이 순환한다. 암석이 순환하는 과정을 마그마에서부터 알아보자. 지하 깊은 곳에는 암석이 녹아 있는 마그마방magma chamber이 있다. 이 마그마방의 마그마가 굳어 생성된 화성암이 지표에 드러나면 풍화·침식·운반·퇴적 과정을 거쳐 퇴적물이 되고, 퇴적물이 겹겹이 쌓여 굳으면 퇴적암이 된다. 지표에 있던 화성암이나 퇴적암이 판구조운동에 의해 지하 깊은 곳으로 들어가면 높은 온도와 압력 때문에 원래 모습이 변해 변성암이 된다. 이 과정에서 형성된 화성암, 퇴적암, 변성암이 다시 지표로 올라오면 풍화·침식·운반·퇴적 과정을 거쳐 퇴적물이 된다. 그런데 암석이 아주 깊은 곳으로 들어가 온도와 압력이 높아지면 녹아서 마그마를 형성하고, 그러면 새로운 암석의 순환이 시작된다. 그러므로 땅의 역사를 밝히는 일은 궁극적으로 암석 순환의 역사를 밝히는 일이기도 하다.

삼엽충 화석을 만나다

1986년 봄에 태백을 찾은 나는 구문소 부근의 하천 바닥에 넓게 드러나 있는 암석을 조사해 보기로 했다. 그곳의 암석은 '두무골층'이라고 불리는 퇴적층이었다. '층層'은 한 종류의 암석 또는 두 종류 이상 암석의 조합으로 이루어지며, 구성 암석의 특징에 의해 상·하위 층과 구별된다. 층의 두께는 지질도에 표시할 수 있을 정도로 두꺼워야 한다(Box 1 참조).

두무골층은 태백 지역 조선누층군의 한 구성원으로, 오르도비스기에 쌓인 것으로 알려져 있었다. 내가 두무골층을 연구 대상으로 정한 이유는 두무골층이 학술적으로 특별히 중요하기 때문이 아니라, 하천 바닥을 따라 넓게 드러나 있는 두무골층 암석이 관찰하기에 좋아 보였기 때문이다. 앞에서도 말했지만, 그 당시 나는 태백산분지의 암석 중에서 무엇이 중요한지, 무엇을 연구해야 할지 잘 몰랐다. 무엇이든 논문으로 발표할 수 있는 연구거리를 찾아내야 했다.

여러 차례 야외 조사를 실시한 결과, 구문소 부근 하천 바닥에

그림 8
두무골층의 전형적인 모습

드러나 있는 두무골층은 두께 약 120m로 두무골층 하부 2/3 구간에 해당한다는 사실을 밝혀냈다. 두무골층 암석은 회색/녹회색의 석회암, 돌로스톤, 셰일, 석회암-셰일 교호층이 반복되는 특징을 보였다 (그림 8).

나는 하천 바닥에 드러난 암석을 관찰하면서 화석을 찾는 데 집중했다. 당시의 나는 야외에서 화석을 찾아본 경험이 거의 없는 초보자여서 마음을 졸였다. 그러던 중 암석 표면을 세심히 관찰하는데 이상한 형태의 구조가 눈에 들어오기 시작했다. 그것은 대부분 화석이었다. 조사를 계속한 끝에 구문소 부근의 두무골층에서 많은 화석을 찾을 수 있었다. 대부분 무척추동물에 속하는 삼엽충, 완족동물, 해백합이었고, 이따금 정체를 알 수 없는 화석도 발견되었다. 무척추동물은 동물 중에서 척추동물을 제외한 모든 동물을 아우르는 말로, 수많은 동물이 여기에 해당한다.

나는 두무골층에서 찾은 화석을 소개하는 논문을 작성해 대한지질학회에서 발간하는 『지질학회지』에 투고했고, 논문은 1988년에 발표되었다(Choi and Lee, 1988). 하지만 무척추동물 화석에 대한 지식이 부족한 상태에서 급하게 논문을 작성했기 때문에, 다시 읽어 보면 얼굴이 붉어진다. 연구 내용이 빈약할 뿐만 아니라 틀린 부분도 많기 때문이다. 그럼에도 두무골층의 무척추동물 화석을 연구하던 그때는 좋은 기억으로 남아 있다. 두무골층에서 만난 화석들은 모두 새로웠고, 무언가 새로운 내용을 알아 간다는 사실은 내게 큰 즐거움이었다. 사실 과학자는 꼭 세상을 놀라게 할 정도로 중요한 내용을 연구할 때만 보람을 느끼는 것이 아니라, 아주 하찮은 사항이라도 무언가 새로운 내용을 알게 되면 그에 못지않게 큰 성취감을 느낀다.

솔직히 고백하면, 두무골층에서 삼엽충 화석을 처음 만났을 때는 그 표본이 삼엽충인지도 몰랐다. 삼엽충은 크게 머리, 몸통, 꼬리로 이루어진다. 절지동물인 삼엽충이 죽으면 각 부분이 퇴적물에 흩어져 화석으로 남겨지기 때문에 알아보기가 쉽지 않다(그림 9). 삼엽충 몸통의 마디나 꼬리는 형태가 단순해서 그래도 알아볼 수 있지만, 머리 부분은 형태가 복잡해서 삼엽충에 관한 지식이 없으면 알아보기 힘들다. 머리는 얼굴, 뺨, 눈으로 이루어지는데, 죽은 후 각 부분이 분리되어 화석으로 남겨지면 그 모습을 제대로 알아보기 어렵다. 특히 '얼굴'은 오메가Ω 모양의 윤곽을 가지고 있어 표본을 처음 만나면 삼엽충인지 알 수 없다. 여기서 '얼굴'이란 영어로 'cranidium'을 일컫는데, '두안頭鞍'으로 번역된다. 삼엽충을 분류할 때는 '두안'이 가장

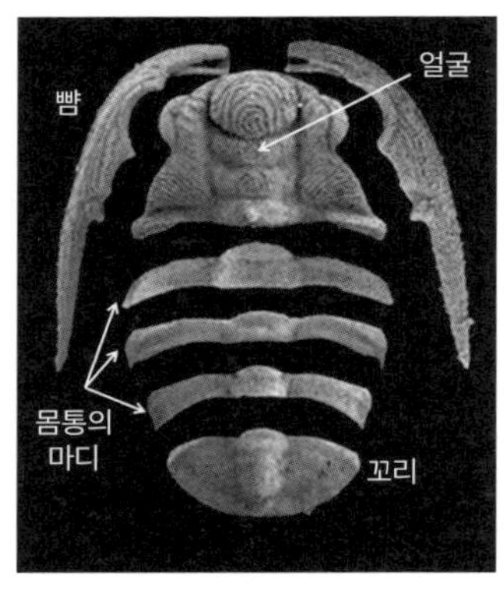

그림 9
죽은 후에 여러 부분으로 나뉜 삼엽충

중요하다. 우리가 사람을 만날 때 얼굴을 보고 누구인지 알아보는 것처럼, '두안'을 보고 어떤 삼엽충인지 알아볼 수 있기 때문이다. 나는 '두안'이라는 어려운 용어보다 '얼굴'이라고 부르기를 좋아한다.

삼엽충 연구는 대학원에 석사과정 학생들이 입학하면서 본격적으로 시작되었다. 1989년 석사과정에 입학한 김건호에게 학위 논문 주제로 두무골층의 삼엽충 화석을 체계적으로 연구하도록 맡겼다. 김건호는 두무골층에서 찾은 삼엽충 화석을 연구해 석사학위 논문을 완성했다. 논문의 중요한 결론은 두무골층에 3개의 생층서대가 존재한다는 것이었다. 생층서대生層序帶란 특정한 화석의 산출에 의해 구분되는 지층의 구간을 말한다.

두무골층의 삼엽충 생층서대는 하부로부터 아사펠루스*Asaphellus*대, 프로토플리오메로프스*Protopliomerops*대, 카이세라스피스*Kayseraspis*대로 구분되었는데, 생층서대의 이름은 그 구간을 대표하는 삼엽충 이

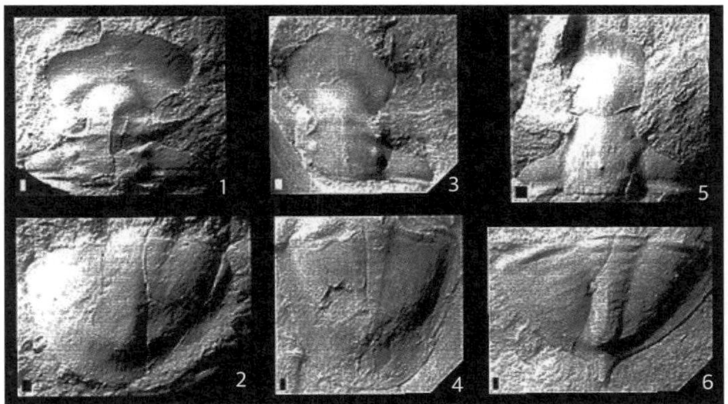

그림 10 구문소 부근 두무골층에서 찾은 삼엽충 화석.

1~2: *Asaphellus coreanicus*의 얼굴과 꼬리, 3~4: *Asaphellus tomkolensis*의 얼굴과 꼬리, 5~6: *Kayseraspis laticauda*의 얼굴과 꼬리.

름을 따서 붙였다(그림 10). 김건호는 아사펠루스대와 프로토플리오메로프스대의 지질시대는 오르도비스기의 트레마독절Tremadocian Age, 카이세라스피스대의 지질시대는 플로절Floian Age에 속한다고 결론 내렸다(Kim et al., 1991). 우리가 화석을 연구하는 일차적 목적은 이처럼 암석의 지질시대를 알아내는 데 있다.

우리가 지금 사용하는 지질시대에는 등급이 있다. 우선, 우리에게 익숙한 지질시대로 고생대, 중생대, 신생대와 같은 '대代'가 있다. 그리고 대는 더 작은 등급인 '기紀'로 나뉘는데, 예를 들면 오르도비스기와 백악기가 있다. 기는 다시 '세世'로 나뉘고, 세는 더 작은 등급인 '절節'로 나뉜다. 대보다 큰 등급으로는 '누대累代'가 있다.

두무골층이 쌓인 오르도비스기는 3개 세와 7개 절로 나뉜다. 두무골층은 후기 트레마독절(약 4억 8,000만 년 전)에서 전기 플로절(약 4억 7,500만 년 전) 사이에 쌓인 것으로 추정되는데, 이는 두무골층이 200m 쌓이는 데 약 500만 년이 걸렸음을 의미한다. 구문소 부근의 암석이 엄청나게 긴 시간을 품고 있다는 이야기이다.

김건호와 함께 두무골층의 삼엽충 화석을 연구하면서 나는 좀 더 구체적인 연구 목표를 세웠다. 그 목표는 태백산분지의 고생대층에 들어 있는 삼엽충 화석을 모두 찾아내 각 층의 지질시대를 정확히 알아내는 것이었다. 태백과 영월 일대에 분포하는 암석은 캄브리아-오르도비스기에 쌓인 퇴적암으로 조선누층군이라고 불리는데, 조선누층군을 이루는 각 층의 지질시대를 절 단위 수준까지 알아내고 싶었다. 조선누층군에서 삼엽충 화석이 산출된다는 사실은 이미 잘 알려져 있었다. 그럼에도 불구하고 1980년대 후반 우리나라 고생물학자 중에는 삼엽충 화석을 전문적으로 연구하는 사람이 없었다.

조선누층군의 삼엽충을 최초로 연구한 사람은 일본 도쿄 대학교의 고생물학자 고바야시 데이이치(小林貞一, 1901~1996) 교수였다. 고바야시는 일제 강점기인 1920년대 중반부터 태백산분지의 삼엽충 화석을 연구하기 시작해 1934년 두무골층에서 찾은 화석을 소개하는 논문을 발표했다(Kobayashi, 1934b). 그 논문에서 두무골층에서 찾은 삼엽충 12속 26종이 보고되었다.

이후 고바야시는 태백산분지 조선누층군에서 산출되는 삼엽충을 다룬 논문을 잇달아 발표했다. 1940년대 초반, 고바야시 팀은 태백산분지의 조선누층군이 지역에 따라 층서가 다르다는 관찰을 바탕으로, 조선누층군을 5개로 나누어 두위봉형-, 영월형-, 정선형-, 평창형-, 문경형-조선누층군이라고 부를 것을 제안했다(Kobayashi et al., 1942). 내가 연구했던 구문소의 두무골층은 두위봉형-조선누층군에 속했다. 조선누층군을 5개로 나눈 고바야시의 층서 구분(Kobayashi et al., 1942)은 1990년대에 이르기까지 우리나라 지질학계에서 별다른 비판 없이 받아들여졌다.

1

'층'이란 무엇인가?

지질학자가 퇴적암 지역을 조사할 경우, 어떤 구간의 지층이 위아래 다른 구간의 지층들과 암석의 특징에 의해 명확히 나누어지면, 해당 구간의 지층들을 하나로 묶어 구분하는데, 이때 가장 기본이 되는 단위를 '층(formation)'이라고 한다. 층의 두께는 보통 수십 미터에서 수백 미터에 이른다. 2개 이상의 층이 묶여 '층군(group)'이 되고, 2개 이상의 층군이 묶여 '누층군(supergroup)'이 된다. 층을 더 작은 단위로 나눌 경우, '층원(層員)' 또는 '멤버(member)'라고 부른다.

층의 명칭은 원칙적으로 암석의 특징이 잘 드러나 있는 지역의 이름을 따서 붙인다. 예를 들면, '두무골층'은 영월군 산솔면 직동계곡에 있는 '두무골'이라는 마을에서 따왔다. 이처럼 어느 구간의 지층에 굳이 이름을 붙이는 이유는 학자들 사이에서 빠르게 의사소통하기 위함이다. 예를 들어 우리가 논문에서 두무골층이라고 쓰면, 지질학을 전공한 사람들은 두무골층이 어떤 암석으로 이루어져 있는지 알기 때문에 쉽게 이해할 수 있다.

아래 사진은 중국 산둥반도 타이산(泰山) 부근을 조사할 때 촬영한 캄브리아기 암석이다. 지층이 마치 시루떡처럼 차곡차곡 쌓여 있는 모습이다. 암석의 종류에 따라 식생(植生)의 차이가 뚜렷해 멀리서도 층(層)을 쉽게 구분할 수 있다. 중국학자들은 ①번 석회암층을 장샤층(張夏層), ②번 셰일층을 구산층(崮山層), ③번 석회암

⑤ 석회암층
④ 셰일층
③ 석회암층
② 셰일층
① 석회암층

층과 ④번 셰일층, ⑤번 석회암층을 묶어 차오미디엔층(炒米店層)으로 구분했다. 그리고 이 세 층을 묶어 '지우롱층군(九龍層群)'이라고 명명했다.

허물벗기로 성장하는 삼엽충

1989년 봄, 김건호와 함께 대학원 석사과정에 입학한 이동찬에게 석사학위 논문 연구 주제로 두위봉형-조선누층군 중에서 가장 젊은 층인 두위봉층斗圍峰層에서 산출되는 삼엽충 화석을 선정하도록 했다. 내가 두위봉층의 삼엽충 화석을 연구하려고 계획한 것은 고바야시가 1934년에 두위봉층의 삼엽충 화석을 다룬 논문(Kobayashi, 1934a)을 발표하고 50여 년이 지났기 때문에 무언가 새로운 연구거리를 찾아낼 수 있을 것으로 기대했기 때문이다.

그러나 태백 지역을 며칠 동안 조사했음에도 두위봉층에서 삼엽충 화석을 찾지 못해 애태우고 있었다. 하루는 오전 야외 조사를 마치고 점심 도시락을 먹기 위해 구문소 부근 나팔고개에 자리 잡았다. 그곳의 암석은 직운산층織雲山層에 속했다. 오래전부터 삼엽충 화석 산지로 알려진 장소였기에 학생들과 학술 답사를 올 때마다 방문하곤 했다. 직운산층은 두위봉층 바로 아래 지층으로 대부분 셰일로 이루어져 있다. 당시 직운산층에서 삼엽충 화석이 많이 산출된다는 사실은 잘 알려져 있었기 때문에 막연히 직운산층의 삼엽충 화석은 연구가 잘 되었을 거라고 생각해 직운산층 삼엽충은 연구 대상으로 고려조차 하지 않았다.

점심 식사를 마치고 잠시 쉬면서 습관적으로 주변에 흩어져 있던 돌 부스러기들을 돋보기로 들여다보기 시작했다. 돌 부스러기에는 크고 작은 삼엽충 조각이 많았다. 그때 돋보기 아래로 머리·몸통·꼬리가 모두 붙어 있는 자그마한 삼엽충 하나가 들어왔다. 삼엽충 화석은 보통 머리·몸통·꼬리가 따로따로 발견되는데 완벽한 모습의 삼엽충을 만나니 특별한 느낌이 들었다. 순간 두위봉층 삼엽충 대신 이 작은 삼엽충을 연구해 볼까 하는 생각이 뇌리를 스치고 지나갔다. 그래서 옆에 있던 이동찬에게 "우리 직운산층 삼엽충을 연구해 볼까?" 하고 물었더니 긍정적으로 대답했다. 사실 그때까지 두위봉층에서 삼엽충 화석을 찾지 못해 약간 맥이 빠져 있었는데 직운산층 삼엽충이 좋은 돌파구를 열어 주었다. 우리는 곧바로 나팔고개 화석산지에서 삼엽충 화석이 있는 돌 부스러기들을 채집하기 시작했다. 특히 작은 삼엽충 표품을 찾는 데 온 신경을 기울였다.

며칠 동안 삼엽충 화석 표품을 채집한 뒤 서울로 돌아와 표품의 표면을 실체 현미경으로 꼼꼼히 관찰했다. 특히 크기가 작은 머리와 꼬리 표본을 중심으로 연구할 재료를 모았다. 그런데 암석 표면을 관찰하다 보니 이따금 하트 모양의 기묘한 물체가 눈에 띄었다. 길이가 0.5mm 내외로 무척 작았는데(그림 11), 무엇인지 전혀 알 수 없었다. 고바야시의 논문에서는 그런 모습의 화석을 보지 못했기 때문에 어

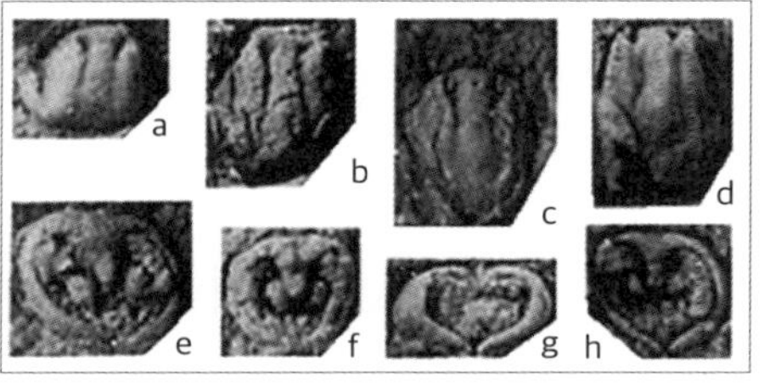

그림 11
직운산층에서 찾은 알에서 막 깨어난 삼엽충 화석.
윗줄은 등 쪽에서 본 모습이고, 아랫줄은 배 쪽에서 본 모습.

쩌면 아직 학계에 보고되지 않은 새로운 동물 화석일지도 모른다고 생각했다. 몇 주가 지난 어느 날 삼엽충 관련 논문을 뒤적이고 있는데 한 논문에서 직운산층의 하트 모양과 비슷한 사진이 눈에 들어왔다. 깜짝 놀라 사진 설명을 읽어 보니 알에서 막 깨어난 어린 삼엽충이었다!

하트 모양의 물체가 알에서 막 깨어난 삼엽충이라는 사실을 알고는 뛸 듯이 기뻤다. 왜냐하면 이 어린 삼엽충을 연구하면 직운산층의 삼엽충이 어떻게 성장했는지 알아낼 수 있을 것이라고 생각했기 때문이다. 앞서 이야기한 것처럼 삼엽충은 절지동물에 속한다. 절지동물은 현재 지구상에서 가장 다양한 무척추동물로, 학계에 공식적으로 보고된 종류만 120만 종이 넘는다. 현재 학계에 알려진 생물종의 총 수가 약 200만 종인 점을 감안하면 절지동물의 비중은 엄청나다. 우리가 주변에서 흔히 만나는 곤충, 거미, 게 등이 절지동물에 속한다.

절지동물의 중요한 특징으로는 '마디로 이루어진 몸통과 다리', '성장할 때 허물벗기'를 들 수 있다. 그러므로 삼엽충도 성장할 때 허물벗기를 했을 것이다. 생물의 성장 과정(전문 용어로는 '개체 발생 과정 ontogeny'이라고 한다)에는 그 생물의 발생 및 진화와 관련된 정보가 들어 있기 때문에 삼엽충 개체 발생 과정(Box 2) 연구는 그 자체만으로도 중요할 뿐만 아니라 무척 흥미로울 것으로 생각되었다. 그래서 이동찬의 주 연구 주제를 '직운산층에서 산출되는 삼엽충 화석의 개체 발생 과정'으로 바꾸었다.

우리는 개체 발생 과정에 초점을 맞추어 직운산층 삼엽충을 연구했다. 그 결과 알아낸 내용이 무척 많았기 때문에 연구 결과를 두 편으로 나누어 『지질학회지』에 발표했다. 하나는 직운산층에서 찾은 삼엽충에 대한 분류학적 연구였고(Lee and Choi, 1992), 다른 하나는 직운산층 삼엽충 중에서 가장 흔한 돌레로바실리쿠스 요쿠센시스*Dolerobasilicus yokusensis*의 개체 발생 과정을 다룬 내용이었다(Choi and Lee, 1993).

고바야시는 1934년에 발표한 논문에서 총 22종의 직운산층 삼엽충을 보고했다(Kobayashi, 1934a). 그런데 이동찬은 삼엽충의 개체 발생 과정에 따른 형태적 변이變異를 바탕으로 직운산층에는 단지 4종의 삼엽충(*Basiliella kawasakii, Basiliella typicalis, Dolerobasilicus yokusensis, Ptychopyge dongjeomensis*)이 존재할 뿐이라는 결론을 이끌어 냈다(Lee and Choi, 1992). '형태적 변이'란 같은 종 안에서 생물의 형태가 조금씩 다른 정도를 말한다. 그러면 고바야시의 논문과 우리의 논문에서 보고된 직운산층 삼엽충의 종 수가 다른 이유는 무엇일까? 이는 삼엽충 화석의 형태적 변이를 얼마나 고려하면서 분류했느냐에 따른 견해 차이로 보인다.

2

삼엽충의 개체 발생 과정

삼엽충의 성장 과정은 크게 3단계(유충 단계, 중간 단계, 성충 단계)로 나눌 수 있다. 알에서 막 깨어난 유충 단계의 삼엽충은 하나의 골격으로만 이루어진다. 머리, 몸통, 꼬리의 구분이 없으며, 원형 또는 타원형의 윤곽을 갖는다(그림 ①과 ②). 마치 좁쌀 크기의 사발을 엎어 놓은 모습과 비슷하다.

중간 단계에 들어서면 머리와 꼬리가 분리되기 시작하며, 허물을 벗을 때마다 몸통의 마디를 1~2개씩 추가해 크기를 점점 키워 나간다(그림 ③).

성충 단계는 몸통의 마디가 일정한 수에 도달한 것을 말한다(그림 ④). 삼엽충은 성충이 된 후에도 허물벗기를 계속해 몸의 크기를 점점 키운다. 현재 알려진 삼엽충 중에서 가장 큰 표본은 캐나다에서 보고된 것으로 길이가 72cm에 이른다.

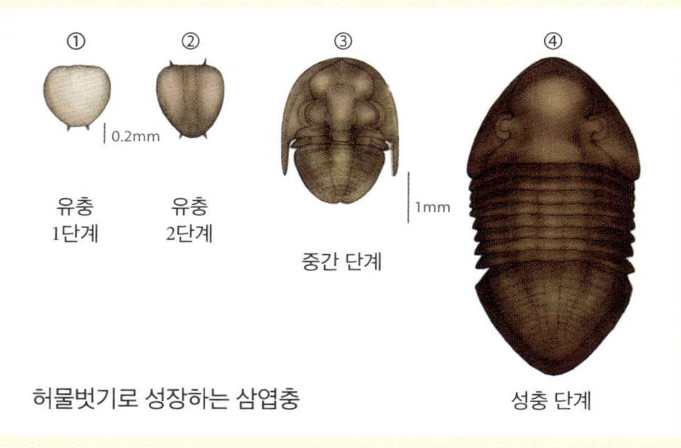

허물벗기로 성장하는 삼엽충

여기서 고생물학자들이 화석을 연구할 때, 종 구분을 어떻게 하는지 알아보자.

생물의 '종種, species' 개념이 처음 확립된 것은 18세기 중엽이다. 스웨덴의 식물학자 칼 폰 린네Carl von Linné는 생물종은 겉모습에서 보이는 형태적 차이에 의해 구분된다고 생각했다. 즉, 같은 종에 속하는 생물은 형태가 똑같으며 변하지 않는다는 생각이다. 이러한 종의 개념을 '형태학적 종morphological species'이라고 한다. 그런데 생물의 형태만 가지고 종을 구분하면 여러 문제에 부닥친다. 예를 들면 같은 종에 속하는 생물이라도 성性, 나이 또는 환경에 따라 겉모습이 다른 경우를 흔히 볼 수 있다.

19세기 중엽 찰스 다윈Charles R. Darwin의 진화론이 등장하면서 생물종에 대한 인식이 바뀌어 생물학적 측면을 강조하게 되었다. 즉, 진화론에서는 생물의 종이 유지되는 것은 한 종을 구성하는 개체들이 하나의 생식사회를 이루어 다른 종과 생식적으로 격리되기 때문이라고 설명한다. 이처럼 형태적 유사성보다 생식적 격리를 중요시하는 종의 개념을 '생물학적 종biological species'이라고 한다.

'생물학적 종'은 개념적으로 명확하고 논리적이다. 하지만 실제로 연구 과정에서 종을 알아내기는 결코 쉽지 않다. 왜냐하면 야외 관찰을 바탕으로 생식사회를 이루는 집단을 완벽하게 파악하기는 어렵기 때문이다. 그나마 현재 살아 있는 생물은 종을 알아내는 것이 어느 정도 가능하지만, 화석은 생물의 생활주기에서 어느 한 시점만 보여 주기 때문에 원론적으로 '생물학적 종'을 인지하기가 불가능하다. 따라서 화석 연구에서 종을 분류할 때는 형태적 특징에 의존할 수밖에 없다.

그림 12
직운산층의 삼엽충
Dolerobasilicus yokusensis

화석을 연구할 때는 연구자가 형태적 변이를 어느 정도 범위까지 허용하느냐에 따라 종의 수가 많아지기도 하고 적어지기도 한다. 이는 결국 연구자의 연구 성향을 반영하는 문제라고 할 수 있다. 나는 대학원생들에게 삼엽충을 연구할 때 형태적 변이를 가능한 한 넓게 허용하기를 권장했다. 이동찬이 직운산층에는 단지 4종의 삼엽충이 존재한다고 결론 내린 것은 바로 그러한 연구 성향이 반영되었기 때문이라고 할 수 있다.

이동찬이 발표한 직운산층 삼엽충의 분류 체계는 근본적으로는 개체 발생 과정을 연구하면서 얻은 결과였다. 직운산층 삼엽충 중에서 개체 발생 과정을 집중적으로 추적한 종은 표본 수가 가장 많은 돌레로바실리쿠스 요쿠센시스였다(그림 12). 이 삼엽충의 개체 발생 과정은 5단계로 구분했는데, 유충 1단계, 유충 2단계, 중간 1단계, 중간 2단계, 성충 단계이다(Choi and Lee, 1993).

유충 1단계는 길이 0.5mm로 둥근 사발을 엎어 놓은 모습이고(그림 11a), 유충 2단계는 길쭉한(길이 0.8~1.00mm) 타원형이었다(그림 11b~d). 중간 단계의 시작은 머리와 꼬리 사이에 마디가 처음 생긴 때이며, 이후 삼엽충은 주기적으로 허물벗기를 하면서 머리와 꼬리 사

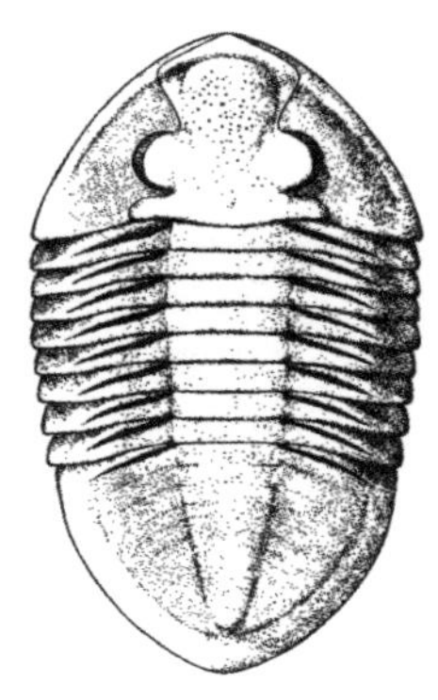

그림 13
삼엽충 *Basiliella choii*

이에 1~2개의 몸통 마디를 늘려 가는 방식으로 몸을 키웠다. 삼엽충은 성충 단계에 이르러서도 계속 허물벗기를 하면서 덩치를 키우지만 몸통 마디가 더 이상 늘어나지는 않았다. 직운산층 돌레로바실리쿠스 *Dolerobasilicus*의 경우, 성충의 몸통 마디 수는 8개였다. 이동찬은 직운산층 삼엽충의 개체 발생 과정을 추적하면서 같은 종 내에서도 개체에 따라 형태적 변이가 상당히 크다는 사실을 알아냈고, 이를 바탕으로 직운산층에는 4종의 삼엽충이 존재한다는 결론에 도달했다. 이동찬은 돌레로바실리쿠스 요쿠센시스의 성장 과정을 잘 추적했고, 삼엽충 개체 발생 과정을 연구하면서 고생물학 연구실에는 삼엽충에 관한 지식이 빠르게 쌓여 갔다.

직운산층의 삼엽충 논문을 발표하고 10여 년이 흐른 2004년, 오스트레일리아의 고생물학자 그레그 에지컴Greg Edgecombe이 오스트레일리아 태즈메이니아Tasmania의 오르도비스기 지층을 연구하는 과정에서 찾아낸 삼엽충 화석에 나의 성姓을 붙인 신종 삼엽충 화석을 보고했다(Edgecombe et al., 2004). 그 화석은 바실리엘라 초이*Basiliella choii*(그림 13)로, 내가 이 그룹에 속한 삼엽충 화석의 개념을 바로잡았다는 점을 고려해 이름을 명명했다고 했다. 우연한 계기로 시작한 직운산층 삼엽충 개체 발생 과정 연구가 가져다준 영광스러운 선물이다.

지질도에는 땅의 역사가 쓰여 있다

1986년부터 1988년까지 3년 동안 태백 일대를 조사한 다음, 1989년에는 연구 지역을 영월로 확대했다. 고바야시가 영월에서 삼엽충 화석을 많이 찾아 논문(Kobayashi, 1960a, 1962)으로 발표했기 때문이다. 고바야시는 영월 일대의 마차리층과 문곡층에서 80종이 넘는 삼엽충 화석을 보고했다. 나는 태백 지역 두무골층과 직운산층의 삼엽충 연구를 김건호와 이동찬에게 맡긴 다음, 앞으로 새롭게 입학할 고생물학 연구실 대학원생들을 위한 학위 논문 연구 주제를 영월의 마차리층과 문곡층에서 찾아보기로 했다.

1989년 영월 지역에 대한 연구를 계획하면서 가장 먼저 추진한 일은 영월 일대의 지질 조사였다. 왜냐하면 새로운 지역을 연구하려면 그 지역에 어떤 암석들이 어떻게 분포하는지 알아야 하는데, 그러려면 지질 조사가 기본이기 때문이다. 지질 조사를 통해 그 지역의 암석의 종류와 지질시대를 알아낼 수 있고, 그 내용을 지형도에 그린 것이 지질도이다.

그런데 원론적으로 암석의 종류를 안다는 것은 그 암석이 어떻게 생성되었는지 안다는 뜻이고, 암석이 생성된 지질시대를 알 수 있다면 과거 그 지역에서 어떤 일이 일어났는지도 알 수 있다. 그래서 지질도는 땅의 역사를 그래픽으로 표현한 지도라고 정의할 수도 있다. 그 지역 땅의 역사를 충분히 읽어 낼 수 있다면 그 지질도는 잘 만들어진 것이다. 반면에 그 지역 땅의 역사를 이해할 수 없다면 그 지질도는 엄격한 의미에서 지질도라고 할 수 없다.

1989년에 영월 지역 지질 조사를 시작할 때 참고한 자료는 태백산지구지하자원조사단이 1962년에 발간한 지질도 중 영월도폭(축척 1:50,000)이었다. '태백산지구지하자원조사단'이란 1961년 5·16 군사정변이 일어난 직후 정부에서 제1차 경제개발 5개년 계획(1962~1966)으로 시행한 주요 국책사업의 하나로, 태백산분지에 매장되어 있는 석탄과 석회암 등 주요 지하자원의 현황을 파악하기 위한 특별 조사단이었다.

정부에서 태백산지구의 지질 조사를 1961년 9월부터 12월까지 4개월 만에 완료하도록 주문했기 때문에 조사단에는 우리나라 지질 전문가가 총동원되었다. 서울대학교에는 당시 우리나라 대학 중 유일하게 지질학과가 설치되어 있었고, 모든 교수가 조사단에서 중요한 역할을 담당했기 때문에 1961학년도 2학기 강의를 진행할 수 없어 지질학과 2학년 이상 재학생도 모두 지질 조사에 참여했다고 전해진다. 조사단은 4개월 동안 이루어진 조사 결과를 종합해 1962년 3월 태백산지구의 지질도 19매를 발간했다(태백산지구지하자원조사단,

1962). 이후 태백산지구지하자원조사단이 발간한 지질도는 우리나라 지질학계와 산업계(탄광과 석회석 광산)에서 마치 '바이블'처럼 귀중하게 다루어졌다.

앞서 태백 지역을 조사할 때도 태백산지구지하자원조사단이 발간한 지질도를 참고했는데, 지질도에 그려진 태백 지역의 층서와 지층 분포를 이해하는 데 전혀 문제가 없었다. 그래서 1989년 영월 지역 조사를 시작할 때도 태백산지구지하자원조사단이 발간한 영월지질도를 들고 다니면서 지질도에 표시된 지층의 분포를 확인하기 시작했다. 그런데 어느 날부터 그 암석이 왜 그 자리에 있는지 이해할 수 없는 상황이 반복해서 나타났다. 조사가 진행될수록 그런 경우가 점점 늘어나, 마침내 영월지질도에 표시된 층서와 지층들 사이의 관계를 이해할 수 없는 단계에 이르렀다.

이 문제를 어떻게 풀어야 할지 고민하다 영월 지역의 지질 조사를 백지상태에서 다시 시작하기로 했다. 대학원생들과 함께 야외에서 관찰한 암석을 새롭게 분류하고, 특히 삼엽충 화석을 찾는 데 심혈을 기울였다. 조사가 진행됨에 따라 영월 일대 곳곳에서 시대를 달리하는 삼엽충 화석을 많이 찾아냈다. 그러자 영월 지역의 층서와 지질시대의 개념이 점점 뚜렷해졌다. 이러한 조사 과정을 통해 영월 지역의 층 개념과 층서를 완벽히 이해하기까지 꼬박 3~4년이 걸렸다. 나는 영월 지역의 층서를 이해하고 난 후, 영월 지역을 조사하는 데 가장 중요한 열쇠를 제공한 문곡층의 층서를 다룬 논문(Park et al., 1994)을 작성해 『지질학회지』에 발표했다.

우리 연구실에서 알아낸 내용을 소개하기에 앞서 예전에 영월 지역을 조사했던 연구사研究史를 잠시 들여다보자. 사실 어느 지역에 대한 연구 계획을 세울 때 이전의 연구 결과를 검토하는 것이 그 무엇보다도 중요하다. 왜냐하면 학자들마다 암석을 보는 시각이 달라 암석을 해석하는 방식에 차이가 있을 수 있기 때문이다. 지질 조사를 진행하면서 여러 연구 결과를 비교·검토하다 보면, 결국 어떤 연구가 옳고 그른지 드러난다.

영월 지역의 지질을 처음으로 조사한 사람은 고바야시의 제자 요시무라 이치로吉村一郎였다. 그는 1940년 발표한 논문(Yosimura, 1940)에서 영월 지역의 조선누층군을 하부로부터 삼방산층三方山層, 마차리층磨磋里層, 와곡층瓦谷層, 문곡층文谷層, 영흥층永興層으로 구분하고, 하부 3개 층은 캄브리아기, 상부 2개 층은 오르도비스기에 속하는 것으로 보고했다(표 1의 두 번째 세로줄). 요시무라는 영월 지역 지층의 지질시대를 정할 때 삼엽충 화석 자료를 이용했다.

여기서 요시무라 이치로에 관해서 간략히 소개하면, 그는 도쿄대학교 지질학과 4학년 때 학부 졸업 논문을 위해 1939년 한 해 동안 영월 일대를 조사한 것으로 알려져 있는데, 고바야시 데이이치가 그의 지도교수였다. 그의 조사 결과는 1940년 일본지질학회 학술지『지질학잡지地質學雜誌』에「조선 강원도 영월 지역의 지질」(Yosimura, 1940)이라는 논문으로 발표되었다. 그는 대학 졸업 후, 당시 일본의 새로운 식민지가 되었던 동남아시아 지역의 지질조사단으로 선발되어 배를

[표 1] 영월 지역 조선누층군의 층서 연구 비교

지질시대		요시무라 (1940)	태백산지구 지하자원조사단 (1962)	김옥준 외 (1973)	최덕근 (1998)	
오르도비스기 이후			삼방산층 영흥층	'홍점층'		
오르도비스기	후기					
	중기	영흥층	삼태산층 흥월리층 마차리층	영흥층 삼태산층 (=문곡층) 흥월리층 (=와곡층)	영월층군	영흥층
	전기	문곡층				문곡층
캄브리아기	후기	와곡층 마차리층		마차리층 삼방산층		와곡층 마차리층
	중기	삼방산층		대기층		삼방산층
	전기					

타고 가던 도중 배가 침몰해 타계했다고 전해진다.

광복 이후, 우리나라 지질학자들에 의해 이루어진 영월 지역 조선누층군에 대한 최초의 조사 결과는 1962년에 발간된 태백산지구지하자원조사단의 보고서에서 찾아볼 수 있다. 태백산지구지하자원조사단은 요시무라(1940)와 달리 영흥층과 삼방산층을 영월 지역의 조선누층군에서 제외해 조선누층군 위에 부정합 관계로 놓이는 오르도비스기 이후의 지층으로 다루었고, 와곡층과 문곡층에 해당하는 지층명을 각각 흥월리층興月里層과 삼태산층三台山層으로 바꾸었다(표 1의 세 번째 세로줄). 그리고 마차리층을 태백 지역의 두무골층과 대비해 마차리층과 홍월리층, 삼태산층의 지질시대가 모두 오르도비스기에 속하는 것으로 다루었다. 몇 년 후, 손치무 등(1969)은 영월 지역의 마차리층과 문곡층이 암상에 의해 구분되지 않는다고 주장하면서 두 층을 묶어 '공기리층恭基里層'이라는 새로운 지층명을 제안하기도 했다.

한편, 김옥준 등(1973)은 요시무라(1940)의 층서를 기본적으로 받아들였지만, 다음과 같은 몇 가지 다른 점을 발표했다(표 1의 네 번째 세로줄). 첫째, 영월 지역의 하부 고생대층은 태백 지역의 캄브리아기 지층인 대기층大基層보다 젊다. 둘째, 홍월리층(=와곡층)은 오르도비스기에 속한다. 셋째, 삼방산층 중에서 일부는 석탄기의 '홍점층紅店層'에 속한다. 그리고 지질시대를 결정할 때, 주로 코노돈트 화석 자료를 이용했다.

영월 지질 조사에서 삼엽충 화석의 중요성

영월 지역 조선누층군에 대한 연구를 시작하면서 문곡층과 마차리층에 초점을 맞추었다. 그 이유는 문곡층과 마차리층에서 많은 수의 삼엽충 화석을 보고한 고바야시의 논문(Kobayashi, 1960a, 1962) 때문이었다.

영월 지역 조선누층군의 지층 중에서 삼방산층과 와곡층, 영흥층은 화석이 드물었지만, 구성 암석의 특징이 뚜렷해 야외에서 층을 인지하기가 비교적 쉬웠다. 예를 들면, 삼방산층은 영월 지역 조선누층군에서 유일하게 쇄설성 퇴적암(다양한 색의 사암과 셰일)으로 이루어져 있고, 와곡층은 담회색/회색 돌로스톤으로, 영흥층은 석회암과 돌로스톤으로 구성되어 겉보기에 매우 단조로웠다. 이와 달리 와곡층과 영흥층 사이에 끼여 있는 문곡층은 여러 암상들이 반복적으로 쌓여 있어, 각 암상의 층서적 산출 양상을 정확히 파악하는 것이 무엇보다 중요했다. 암상岩相이란 암석의 구성 성분, 알갱이 크기, 퇴적 구조, 색 등에 의해 구분되는 일정한 구간(두께 몇 센티미터에서 몇 미터)을 말한다. 그래서 영월 지역을 조사할 때 문곡층 탐사에 가장 많은 시간을 보냈다.

나는 문곡층을 조사하면서 대학원생들에게 암석이 연속적으로 잘 드러나 있는 도로 가장자리와 하천 바닥을 집중적으로 살피도록 요구했다. 단면에 드러난 암석의 특징을 쌓인 순서에 따라 관찰해 야외 노트에 기록하고, 아울러 화석을 찾는 데도 심혈을 기울였다. 문곡층에 대한 조사는 1991년 대학원 석사과정에 입학한 박기현의 연구 과제가 되었고, 그는 문곡층에 대한 연구 결과를 1994년 『지질학회지』에 발표했다(Park et al., 1994). 그런데 박기현이 석사과정을 마친 후 박사과정을 밟기 위해 미국으로 유학을 떠났기 때문에 문곡층에 대한 후속 연구를 김동희가 맡아 하도록 조율했다. 내가 두 명의 대학원생과 함께 몇 년에 걸쳐 완성한 문곡층의 연구 결과를 요약하면 다음과 같다.

문곡층의 암상은 크게 네 가지로 나뉜다. 네 가지 암상은 석회암-셰일 교호층, 입자암, 석회질역암, 이회암-셰일이다. 그리고 암상들의 층서적 산출 양상을 바탕으로 문곡층을 4개의 멤버(하부로부터 가람멤버, 배일재멤버, 점말멤버, 두목멤버)로 구분했다(그림 14).

최하부 가람멤버(두께 약 45m)에서는 주로 석회암-셰일 교호층과 입자암이 반복적으로 나타나는데, 이따금 얇은 석회질역암층과 처트Chert층이 끼여 있다. 그 위에 놓인 배일재멤버(두께 약 35m)는 온통 회색 돌로스톤으로 이루어져 있고, 그 위의 점말멤버(두께 약 50m)는 주로 석회암-셰일 교호층과 석회질역암이 반복적으로 나타난다. 최상위 두목멤버(두께 약 70m)는 석회암-셰일 교호층, 입자암, 석회질역암, 이회암-

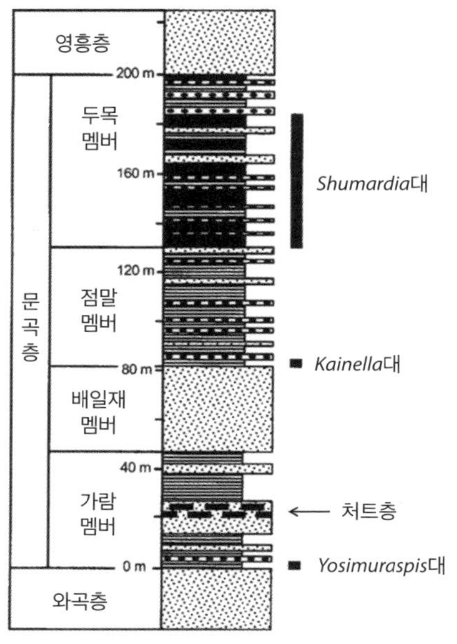

그림 14 문곡층의 층서와 화석 산출

셰일이 모두 나타난다.

특히 문곡층의 10여 군데에서 삼엽충 화석을 찾아냈는데, 이 화석 자료를 바탕으로 문곡층 내에서 3개의 삼엽충 생층서대를 설정할 수 있었다. 삼엽충 생층서대는 하부로부터 요시무라스피스*Yosimuraspis*대, 카이넬라*Kainella*대, 슈마르디아*Shumardia*대이다(그림 14 참조). 요시무라스피스대는 가람멤버 최하부 2~3m 구간에 국한되고, 지질시대는 오르도비스기 시작 무렵이다. 요시무라스피스대에서 가장 많은 삼엽충은 요시무라스피스(그림 15의 ①과 ②)이지만, 오르도비스기 시작을 알려 주는 삼엽충 주주야스피스 시넨시스*Jujuyaspis sinensis*가 함께 산출되어(Kim and Choi, 2000a) 영월 지역에서 캄브리아-오르도비스기 경계(4억 8,685만 년 전)가 문곡층 바닥에 있음을 알려 주었다. 카이넬라대는 점말멤버의 최하부 1m 구간에 해당하며, 지질시대는 오르도비스기 트레마독절의 중기(약 4억 8,200만 년 전)에 해당한다(그림 15의 ③과 ④). 슈마르디아대는 두목멤버의 전 구간에서 인지되었는데, 지질시대는 트레마독절의 후기(약 4억 7,700만 년

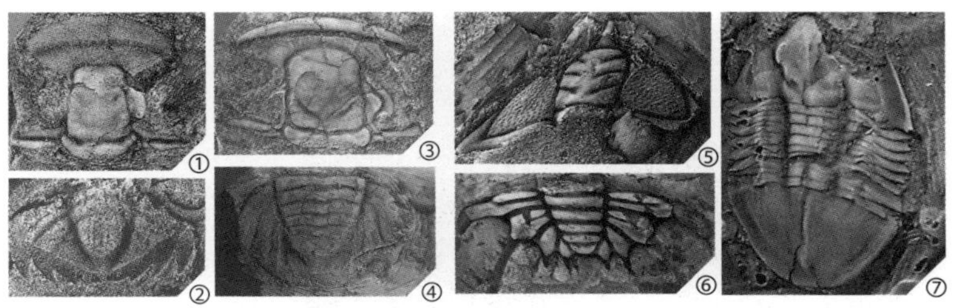

그림 15 문곡층의 대표적 삼엽충 화석.

①~②: *Yosimuraspis vulgaris*의 얼굴과 꼬리, ③~④: *Kainella euryrachis*의 얼굴과 꼬리, ⑤~⑥: *Koraipsis spinus*의 얼굴과 꼬리, ⑦: 꼬리가 붙어 있는 *Asaphellus* sp.

전)에 속한다(Kim and Choi, 2000b). 슈마르디아대에서는 삼엽충 아사펠루스(그림 15의 ⑦)가 산출되어 태백 지역 두무골층의 아사펠루스대에 대비할 수 있었다.

영월 지역의 하부 고생대층을 조사할 때는 문곡층의 암상을 명확히 이해하는 것이 무엇보다 중요했다. 왜냐하면 문곡층 내에는 영월 지역 조선누층군을 조사할 때 열쇠층key bed 역할을 하는 지층이 있었기 때문이다. 그 열쇠층은 처트층으로, 가람멤버의 바닥에서 위로 20~30m 구간(그림 14 참조)에 있으며, 10여 매의 얇은 처트층(두께 1~3cm)이 층상 또는 렌즈상으로 배열되어 있었다(그림 16). 이 처트층은 비결정질 이산화규소SiO_2로 이루어져 있는데, 퇴적물 속에 흩어져 있던 해면동물의 골격이 녹은 후 이들이 다시 모여 만들어졌을 것으로 추정되었다. 문곡층 내에서 처트층은 가람멤버의 중부 구간에 국한되어 나타났다(그림 14).

학생들과 함께 문곡층을 조사할 때 처트층을 먼저 만나면 층서적

그림 16
문곡층 가람멤버 내 처트층.
검은색 부분이 처트층이다.

으로 20~30m 아래쪽으로 가서 삼엽충 요시무라스피스(그림 15의 ①과 ②)를 찾아보라고 조언했다. 만약 요시무라스피스 화석을 먼저 찾으면, 20~30m 위 구간으로 가서 처트층을 찾도록 했다. 요시무라스피스는 고바야시가 1960년 발표한 논문(Kobayashi, 1960a)에서 신속新屬으로 보고한 삼엽충으로, 영월 지역을 맨 처음 조사한 제자 요시무라를 기리는 의미에서 이렇게 명명했다.

영월 지역을 조사할 때 특별히 유의해야 할 점 가운데 하나는 문곡층 배일재멤버와 와곡층의 식별이다. 왜냐하면 와곡층과 문곡층 배일재멤버는 모두 단조로운 담회색/회색 돌로스톤으로 이루어져 있어 겉보기만으로는 두 지층을 구별하기가 불가능하기 때문이다. 와곡층과 문곡층 배일재멤버를 식별하기 위해서는 두꺼운 돌로스톤층 바로 위에 있는 석회암층에서 어떤 삼엽충 화석이 산출되는지 알아야 한다(그림 14 참조). 만일 요시무라스피스대 화석이 산출된다면 바로 밑에 있는 돌로스톤 구간은 와곡층에 해당하며, 요시무라스피스가 오르도비스기 시작을 알려 주는 화석이므로 와곡층은 캄브리아기에 속한다. 그런데 만약 카이넬라대 화석이 발견된다면, 그 아래의 돌로스톤 구간은 문곡층 배일재멤버에 해당하며 지질시대는 오르도비스기 트레마독절에 속한다. 와곡층과 문곡층 배일재멤버가 겉보기에 똑같은 것은 두 지층이 똑같은 환경에서 쌓였기 때문이다.

영월 지역에서 조선누층군을 조사할 때 삼엽충 화석을 발견하지 못할 경우에는 열쇠층인 처트층(그림 16)을 찾으면 된다. 왜냐하면 처트는 풍화에 강해서 눈에 잘 띄기 때문이다. 만약 처트층 밑으로 20~30m 층준에 두꺼운 돌로스톤층이 있으면 그 구간은 와곡층에 속한다. 반면에 처트층 위로 20~30m 층준에 두꺼운 돌로스톤층이 있으면 그 구간은 문곡층 배일재멤버에 해당한다(그림 14 참조).

내가 영월 지역을 맨 처음 조사했을 때 태백산지구지하자원조사단의 영월지질도를 이해할 수 없었던 것은 그 지질도에 문곡층 배일재멤버와 와곡층이 하나의 층으로 그려져 있었기 때문이다. 영월지질도에서는 겉보기에 단조로운 담회색/회색 돌로스톤 구간을 모두 흥월리층으로 그려, 영월지질도의 '흥월리층'에 시대를 달리하는 두 지층(캄브리아기 와곡층과 오르도비스기 문곡층의 배일재멤버)이 섞여 있었던 것이다. 사실 삼엽충 자료가 없었다면 와곡층과 문곡층 배일재멤버를 구분할 수 없었을 것이다. 결론적으로 태백산지구지하자원조사단의 '흥월리층'은 층의 개념이 잘못되어 있으므로 더 이상 사용해서는 안

된다.

이와 관련해 '삼태산층'에 얽힌 문제도 이야기하려고 한다. 태백산지구지하자원조사단은 흥월리층 위에 놓이는 층을 '삼태산층'으로 명명했다. 이는 삼태산층이 개념적으로 문곡층과 비슷함을 의미한다. 삼태산층의 표식지인 삼태산三台山은 영월과 단양의 중간 부근에 있는 산으로, 높이 876m에 이른다.

나는 삼태산에 분포하는 암석을 확인하기 위해 지질 조사를 해보기로 했다. 조사를 시작하면서 삼태산에는 문곡층에 해당하는 암석들이 분포하고 있으리라고 예상했다. 그러나 삼태산 일대에 분포하는 암석은 문곡층이 아니라 마차리층에 속했다(손장원 외, 2001). 그런데 태백산지구지하자원조사단이 삼태산 부근의 지층에 '삼태산층'이라는 새로운 이름을 붙이고, 삼태산층을 문곡층을 대치하는 지층명으로 제안해 혼란이 일어났던 것이다. 요약하면, 태백산지구지하자원조사단은 캄브리아기의 마차리층을 '삼태산층'이라고 명명한 후 삼태산층을 오르도비스기 문곡층을 대치하는 지층명으로 사용하는 오류를 범한 것이다.

또한 손치무 등(1969)은 마차리층과 문곡층이 암상에 의해 구분되지 않는다는 해석을 바탕으로 두 층을 묶어 '공기리층恭基里層'이라는 새로운 지층명을 제안했는데, 이 역시 같은 맥락에서 이루어진 오류이다. 지금도 인터넷에서 검색하면 '삼태산층'이라는 층명을 쓴 논문이나 자료가 있는데, 흥월리층과 마찬가지로 삼태산층이라는 지층명은 더 이상 사용해서는 안 된다.

영월 지역에 대한 자세한 지질 조사 결과 영월 지역의 조선누층군 층서가 명확해졌다. 이제는 영월 지역에서 어떤 암석을 만나든 그 암석이 왜 그 자리에 있는지 설명할 수 있게 되었다. 그런데 놀랍게도 내가 이해한 영월 지역의 층서(표 1의 다섯 번째 세로줄)가 1940년에 발표한 요시무라의 층서와 거의 같았다. 당시 요시무라는 영월 지역의 층서를 제대로 이해하고 있었던 것이다.

나는 새롭게 이해한 층서를 바탕으로 영월 지역의 지질도를 새로 그렸고(그림 17), 영월 지역의 층서 개념을 다시 정리한 논문을 1998년에 발표했다(Choi, 1998). 그 논문에서는 고바야시가 지역에 따라 5개 형型으로 나누었던 조선누층군의 구분이 국제층서규약International Stratigraphic Code에 맞지 않는다는 점을 지적하면서 두위봉형-, 영월형-, 정선형-, 평창형-, 문경형-조선누층군을 각각 태백층군, 영월층군, 용탄층군, 평창층군, 문경층군으로 부를 것을 제안했다. 두위봉형-조선누층군을 태백층군, 정선형-조선누층군을 용탄층군이라고 명명한 이유는 두위봉형-조선누층군에 '두위봉층'이라는 층명이 이미 있고, 마찬가지로 정선형-조선누층군에 정선석회암층이라는 층명이 있기 때문에 중복 사용을 피하기 위함이었다. 조선누층군의 새로운 층서 체계를 제안한 지 20여 년이 지난 지금은 대부분의 논문에서 내가 제안한 층서 구분을 따르고 있다.

내가 영월 지역의 층서를 연구할 때 가장 중요하게 고려한 사항은 삼엽충 자료였다. 영월 지역에서 30여 군데의 삼엽충 화석 산지를 찾아냈는데, 삼엽충 화석은 그 화석 산지(또는 지층)의 지질시대를 정

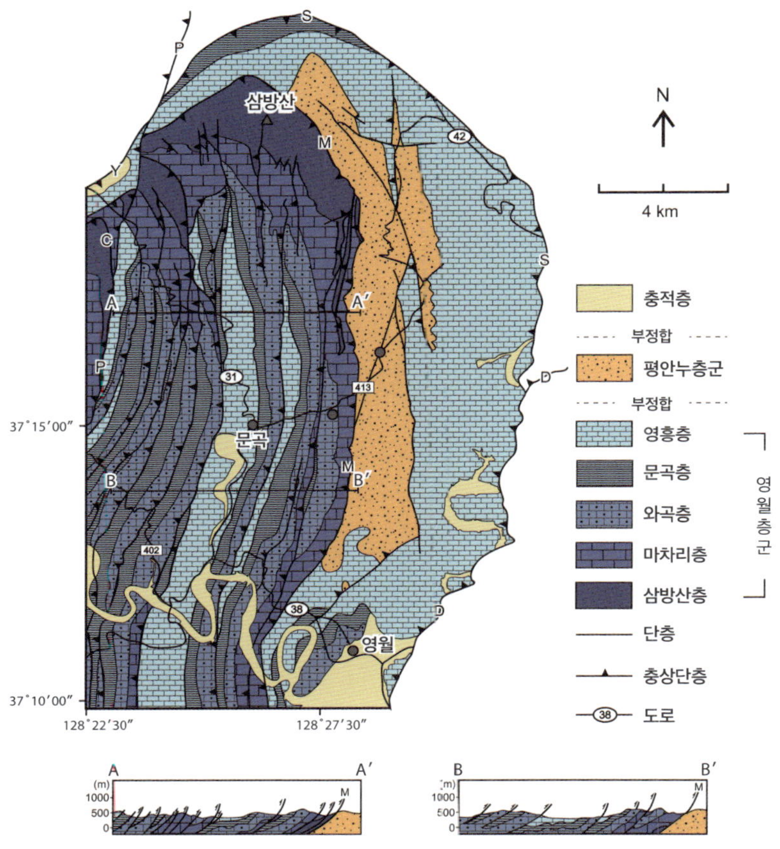

그림 17 영월 지역의 지질도.
D: 덕포리 단층, M: 마차리 단층, P: 평창 단층, S: 상리 단층.

확하게 알려 주었다. 나는 삼엽충 화석의 내용을 바탕으로 영월 지역 지층의 선후 관계를 정확히 파악할 수 있었다. 새롭게 그린 영월지질도는 영월 지역이 거의 남북 방향으로 배열된 10여 개의 충상단층에 의해 잘린 땅덩어리들이 촘촘하게 겹쳐진 모습이다(그림 17의 아래 단면 참조). 영월 지역에 충상단층이 많다는 사실은 영월 지역의 지층들이 퇴적될 당시 무척 넓은 지역에 걸쳐 쌓였음을 의미하며, 영월 지역 지층들은 판과 판이 충돌하는 과정에서 찌그러 들어 지금처럼 좁은 지역에 몰리게 되었음을 알려 주었다.

태백산지구지하자원조사단이 영월 지역의 층서와 지질시대를 정하는 데 오류를 범한 이유는 삼엽충 화석 자료를 전혀 고려하지 않았기 때문이다. 사실 태백산지구지하자원조사단은 4개월이라는 짧은 기간에 조사를 완료해야 했기 때문에, 지질 조사를 병행하면서 삼엽충 화석을 찾기는 불가능했을 것이다. 여하튼 삼엽충 화석 자료를 참고하지 않았기 때문에 지층이 쌓인 순서를 정확히 파악할 수 없었고, 지질시대도 알 수 없었던 것이다. 복잡한 지질구조의 퇴적암 지역을 제대로 조사하기 위해서는 화석이 중요하다는 사실을 일깨워 준 좋은 사례라고 할 수 있다.

영월의 마차리층은 삼엽충의 보고

영월 지역에 대한 연구를 시작할 때, 나는 마차리층에 관심이 아주 많았다. 일찍이 고바야시 교수가 마차리층에서 많은 삼엽충 화석을 보고했기 때문이다. '마차리층'이라는 이름은 영월군 북면의 작은 마을 마차리磨磋里에서 유래하며, 마을 부근을 가로지르는 강가에 마차리층이 잘 드러나 있다.

마차리층 삼엽충 화석에 관한 최초의 연구는 1930년대 초 고바야시에 의해 이루어졌다. 고바야시는 1935년 조선누층군에서 찾은 캄브리아기 삼엽충 화석을 종합적으로 다룬 논문(Kobayashi, 1935)에서 마차리층으로부터 산출된 삼엽충 화석 12속 21종을 보고했다. 그리고 20여 년이 흐른 1962년에 그동안 마차리층에서 찾은 모든 화석을 종합적으로 소개하는 논문(Kobayashi, 1962)을 발표했다. 그 논문에는 삼엽충 41속 53종, 완족동물 4속 4종, 연체동물 2속 2종이 수록되어 있다. 아울러 고바야시는 삼엽충 화석 산출 자료를 바탕으로 마차리층 내에서 5개의 삼엽충 생층서대(하부로부터 *Tonkinella*대, *Eochuangia*대,

*Komaspis-Koptura-Iwayaspis*대, *Olenus-Glyptagnostus*대, *Hancrania*대)를 찾아냈다. 이 중에서 하위 3개 생층서대는 중기 캄브리아기, 상위 2개 생층서대는 후기 캄브리아기에 속한다고 보고했다.

1989년 봄, 나는 영월 마차리 마을을 가로지르는 하천 가장자리에 드러난 암석에서 캄브리아기 삼엽충을 발견했다. 그곳은 내가 마차리층에서 찾은 최초의 화석 산지였다. 이 화석 산지를 발견한 후, 당시 포항 지역 신생대 유공충有孔蟲 화석을 공부하고 있던 대학원 박사과정의 이정구에게 마차리층의 삼엽충 화석을 연구하도록 권유했다. 왜냐하면 유공충 화석보다는 삼엽충 화석 연구가 학술적으로 더 중요하다고 판단했기 때문이다.

이정구는 몸을 사리지 않는 열정으로 마차리층을 속속들이 조사해 영월 곳곳에서 새로운 화석 산지를 찾아냈다. 이정구가 찾아낸 마차리층의 중요한 화석 산지로 어둔골, 공기리, 가매실, 덕우, 분덕재 단면 등이 있다. 몇 년에 걸쳐 이루어진 마차리층 화석 산지에 대한 집중적인 조사로 엄청나게 많은 삼엽충 화석이 채집되었고, 이후 마차리층 삼엽충 화석은 서울대학교 고생물학 연구실의 가장 중요한 연구 재료가 되었다.

마차리층은 암상에 의해 층서적으로 세 부분으로 나눌 수 있다. 하부는 암회색 이질석회암, 삼엽충 골격으로 이루어진 입자암, 흑색 셰일로 이루어져 있다. 중부는 주로 엽층리葉層理(층의 두께가 1cm보다 작은 층리)가 잘 보이는 암회색 또는 흑색 셰일로 이루어지며, 이따금 얇은

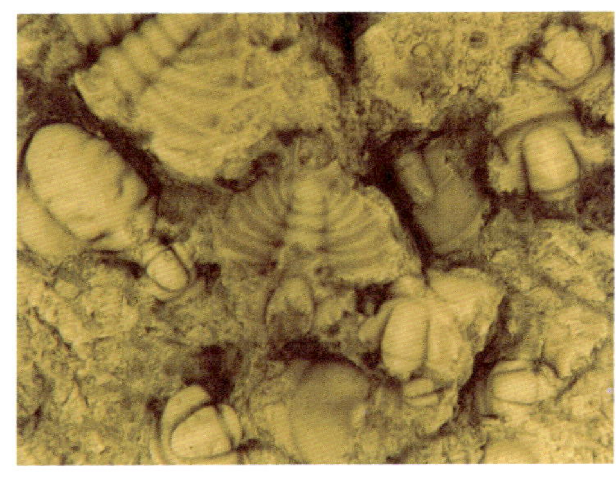

그림 18
마차리층 최하부에 있는 삼엽충 골격으로 이루어진 석회암

돌로마이트질 석회암층이 끼여 있기도 한다. 상부는 센티미터 두께의 호상 구조縞狀構造가 특징으로, 담회색 돌로마이트질 석회암과 흑색 셰일이 교호交互되어 나타난다. 이 호상 구조는 상부로 갈수록 희미해져 마침내 온통 돌로스톤으로만 이루어진 와곡층으로 이어진다.

마차리층의 하부와 중부에서는 삼엽충 화석이 많이 산출되었지만, 상부에서는 화석이 드물게 발견되었다. 특히 마차리층 최하부에는 온통 삼엽충 골격으로만 이루어진 두께 4~6m의 석회암층(그림 18)이 있었다. 마차리층에서 헤아릴 수 없이 많은 삼엽충 화석 표본이 발견되었기 때문에 1989년 삼엽충 화석을 처음 발견한 후 마차리층 삼엽충을 다룬 논문이 많이 발표되었고(Choi et al., 2016 참조), 아직도 보고해야 할 화석들이 남아 있다. 그동안 고생물학 연구실에서 학계에 보고한 마차리층의 삼엽충은 총 77종에 이르며, 삼엽충의 층서적 산출을 바탕으로 마차리층에서 총 12개의 삼엽충 생층서대를 찾아냈다.

마차리층에서 찾아낸 삼엽충 생층서대를 시대순으로 나열하면 톤키넬라*Tonkinella*대, 프티카그노스투스 시넨시스*Ptychagnostus sinensis*대, 프티카그노스투스 아타부스*Ptychagnostus atavus*대, 레요피게 아르마타*Lejopyge armata*대, 글리프타그노스투스 스톨리도투스*Glyptagnostus stolidotus*대, 글리프타그노스투스 레티쿨라투스*Glyptagnostus reticulatus*대, 프로케라토피게 테누이스*Proceratopyge tenuis*대, 한크라니아 브레빌림바타*Hancrania brevilimbata*대, 에우고노카레 롱기프론스*Eugonocare longifrons*대, 에오쿠앙기아 하나*Eochuangia hana*대, 아그노스토테스 오리엔탈리스*Agnostotes orientalis*대, 프세우도이우에핑기아 아사프호이데스*Pseudoyuepingia asaphoides*대 등이다(Choi et al., 2016).

우리가 마차리층에서 찾아낸 12개의 삼엽충 생층서대는 1962년 고바야시가 보고한 5개의 생층서대에 비해 훨씬 많다. 그 이유는 고바야시가 논문을 발표한 1960년대에는 전 세계적으로 캄브리아기 삼엽충에 관한 정보가 충분히 알려지지 않아 정확한 분류가 이루어지지 않았기 때문이다. 게다가 고바야시는 삼엽충 생층서대의 순서와 시대를 정하는 데 오류를 범했다. 예를 들면, 고바야시는 에오쿠앙기아대와 코마스피스코프투라아이와야스피스*Komaspis-Koptura-Iwayaspis*대를 중기 캄브리아기에 속하는 것으로 제시했는데, 우리의 연구에 의하면 이 생층서대에 속하는 삼엽충들은 모두 후기 캄브리아기에 살았다. 고바야시가 이와 같은 오류를 범한 것은 영월 지역의 암석이 심하게 교란되어 지층의 상하관계를 정확하게 파악하지 못했기 때문일 것이다.

그림 19
영월 분덕재에 드러난 복잡한 습곡구조를 보여 주는 마차리층

마차리층에서 찾은 12개의 삼엽충 생층서대에서는 전 세계적인 분포를 보여 주는 화석이 많아 외국의 캄브리아기 지층과 대비하기가 쉬웠다. 마차리층 삼엽충 생층서대는 마차리층의 지질시대가 캄브리아기 울리우Wulian절에서 제10절에 걸친다는 사실을 알려 주었다. 이를 절대연령으로 표현하면, 마차리층의 퇴적 시기는 5억 900만 년에서 4억 9,000만 년 전이다. 영월 지역이 복잡한 습곡과 충상단층으로 심하게 교란(그림 19)되었기 때문에 마차리층의 두께를 정확히 측정하기는 어렵지만, 최대 200m에 이를 것으로 추정했다. 그렇다면 마차리층 200m가 쌓이는 데 1,900만 년이 걸렸다는 의미이니, 1m 쌓이는 데 약 10만 년이 걸린 셈이다. 이처럼 느린 퇴적 속도는 마차리층에서 가장 돋보이는 암상이 뚜렷한 엽층리를 가진 흑색 셰일이라는 점과도 잘 어울린다. 엽층리가 뚜렷이 남아 있는 것은 바다 밑에 살고 있던 생물이 드물어 퇴적물의 층리를 교란시키지 않았기 때문이고, 생물이 드물었던 이유는 물속에 녹아 있는 산소량이 적은 깊

은 바다였기 때문이다.

마차리층에서 전 세계적으로 분포하는 삼엽충 화석이 많이 산출되는 것은 바다를 떠돌며 살았던 삼엽충들이 죽은 후 깊은 바다의 바닥에 가라앉아 파도에 의한 교란을 거의 받지 않았기 때문이다. 이를 통해 캄브리아기에 영월 지역이 육지에서 멀리 떨어진 먼 바다였음을 유추할 수 있다. 캄브리아기에는 영월 지역이 육지에서 멀리 떨어진 바다였기 때문에 수심이 충분히 깊었고, 바다를 떠돌던 삼엽충들이 죽은 후 바닥에 가라앉아 화석이 되었던 것이다.

마차리층에서 찾은 삼엽충 화석 산지 모두 중요하지만, 그중에서도 내가 가장 아끼는 곳은 영월군 북면에 있는 공기리恭基里 단면이다(그림 20). 왜냐하면 공기리 단면에서 엄청나게 많은 삼엽충 화석을 찾았고, 그 삼엽충 화석을 연구해 논문을 여러 편 발표했기 때문이다. 공기리 화석 산지는 1990년 봄에 이정구가 찾아냈다.

공기리 단면은 두께 약 53m로 마차리층 중부 구간에 해당한다. 1990년 공기리 단면에 대한 연구를 시작할 때, 나는 대학원생들에게 공기리 단면을 암상에 따라 체계적으로 구분하도록 한 다음, 화석을 찾는 일은 하루에 두께 1~2m의 구간에 집중하도록 주문했다. 너무 서두르면 중요한 화석을 놓칠 수도 있기 때문이었다.

우리는 두께 53m의 공기리 단면을 암상이 바뀌는 내용에 따라 115개의 구간으로 나누었는데, 각 구간의 두께는 10~110cm로 다양했다. 연구에 참여한 대학원생들은 각 구간에서 찾은 삼엽충을 체계

그림 20
영월군 북면에 위치한 공기리 단면.
사진 아래쪽 길이 공기리 단면이다.

적으로 정리하고 분류해 생층서대를 설정하기 위한 기초 자료를 마련했다. 공기리 단면에서는 많은 종류의 삼엽충이 산출되었기 때문에 논문을 크게 두 부분으로 나누어 발표하기로 했다.

하나는 삼엽충 중에서 특이한 종류인 아그노스토이드agnostoid 삼엽충을 다룬 논문(Choi et al., 2004a)으로 총 13속 24종을 보고했다. 이 중에서 1속과 10종을 신속과 신종新種으로 보고했다. 아그노스토이드 삼엽충(그림 21)은 2개의 몸통 마디를 가지는 절지동물로 오랫동안 삼엽충의 한 그룹에 속하는 것으로 알려져 있었는데, 최근 그들의 형태적 특징으로 보아 삼엽충과 관련 없는 생물일 수도 있다는 주장이 등장해서 논란이 일고 있다. 다른 하나는 아그노스토이드 이외의 삼엽충으로 우리가 보통 삼엽충으로 알고 있는 친숙한 종류를 다룬 논문(Choi et al., 2008)인데, 총 20종을 보고했다. 그중 2속 4종이 신속·신종이었다. 그러므로 공기리 단면에서만 총 44종의 삼엽충 화석이 보고

그림 21 아그노스토이드 삼엽충
Agnostotes orientalis

되었고, 그중에서 3속 14종이 새로운 종류였다.

우리는 이 삼엽충 화석 산출 자료를 바탕으로 공기리 단면에서 3개의 삼엽충 생층서대를 설정할 수 있었다. 하부로부터 에오쿠앙기아 하나대, 아그노스토테스 오리엔탈리스대, 프세우도이우에핑기아 아사프호이데스대이다(그림 22). 공기리 단면에서 가장 오래된 생층서대인 에오쿠앙기아 하나대는 공기리 단면의 하부 13m 구간을 차지한다. 이곳에서는 총 24종의 삼엽충이 기록되었으며, 에오쿠앙기아가 이 생층서대에 국한되어 산출되었기 때문에 고바야시가 예전에 제시했던 에오쿠앙기아대의 이름을 그대로 따랐다. 당시 고바야시는 에오쿠앙기아대가 중기 캄브리아기에 속하는 것으로 다루었지만, 공기리 단면의 에오쿠앙기아 하나대에서 산출되는 삼엽충들은 모두 후기 캄브리아기 푸롱세 파이비절(약 4억 9,500만 년 전)을 대표하는 종류였다.

에오쿠앙기아 하나대 위에 놓이는 아그노스토테스 오리엔탈리스대는 공기리 단면의 13~24m 구간을 차지한다. 여기서는 18종의 삼엽충이 기록되었으며, 아그노스토테스 오리엔탈리스가 첫 출현하는 층준을 아그노스토테스 오리엔탈리스대의 시작으로 정했다. 아그

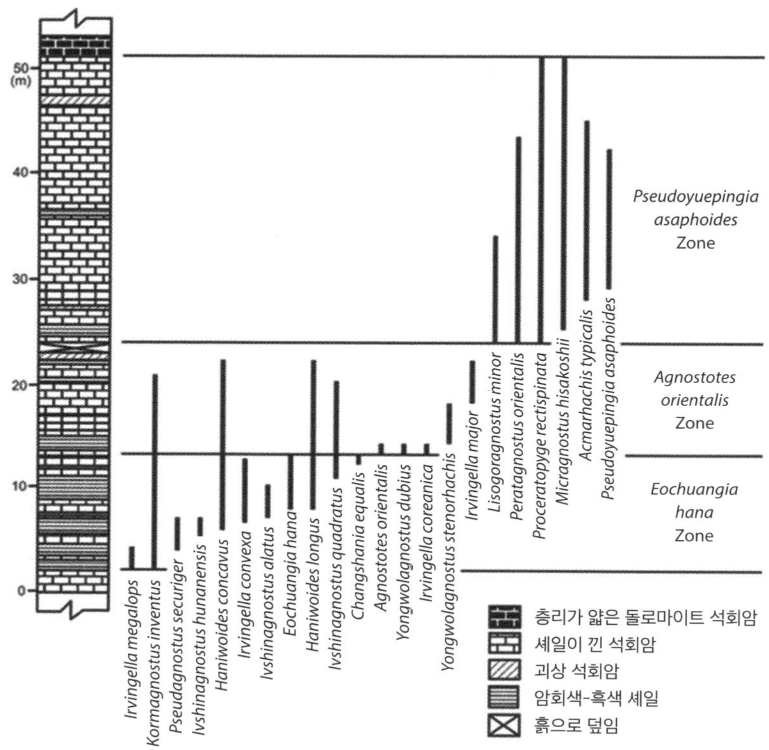

그림 22 공기리 단면의 마차리층에서 설정된 삼엽충 생층서대.
하부로부터 *Eochuangia hana*대, *Agnostotes orientalis*대, *Pseudoyuepingia asaphoides*대.
검은색 막대는 중요한 삼엽충들이 산출된 구간 표시.

노스토테스 오리엔탈리스(그림 21)는 푸룽세 지앙산절의 시작을 알려주는 표준 화석이므로 아그노스토테스 오리엔탈리스대의 지질시대는 전기 지앙산절(약 4억 9,400만 년 전)에 해당한다.

아그노스토테스 오리엔탈리스대 위에 놓이는 프세우도이우에핑기아 아사프호이데스대에서는 총 13종의 삼엽충이 보고되었다. 프세우도이우에핑기아 아사프호이데스대는 공기리 단면 24~53m 구간을 차지하며, 대부분의 삼엽충 화석이 이 구간에서만 산출되었다. 이 생층서대의 지질시대는 중기 지앙산절(약 4억 9,200만 년 전)에 속하는 것으로 판단했다. 아그노스토테스 오리엔탈리스대와 프세우도이우에핑기아 아사프호이데스대는 고바야시가 1962년 논문에서 코마스피스코프투라아이와야스피스대로 명명한 구간과 비교할 수 있는데, 당시 고바야시는 두 생층서대를 구분하지 못했다.

이 삼엽충 생층서대 자료를 근거로 추정해 보면, 공기리 단면 53m의 퇴적작용은 약 4억 9,500만 년에서 4억 9,200만 년 전 사이 약 300만 년 동안 일어난 것으로 보인다.

1990년 봄, 이정구가 공기리 단면에서 삼엽충을 처음 발견한 이후 고생물학 연구실에서는 이 화석 산지에 대한 연구에 집중해 1명의 박사와 3명의 석사를 배출했다. 공기리 단면에서 엄청나게 많은 삼엽충 화석이 산출되었기 때문이다. 약간 과장해서 이야기하면, 공기리 단면에서는 어느 돌 부스러기를 집어 들어도 삼엽충 화석이 있었다. 한마디로, 영월 공기리 단면의 마차리층은 삼엽충의 보고寶庫였다.

나는 이정구가 1995년에 박사학위를 받은 후 공기리 화석 산지를 학계에 공개했다. 1996년 한국고생물학회 추계 심포지엄 및 학술답사 행사에서 학회 회원들을 공기리 단면으로 안내해 삼엽충 화석을 마음껏 찾도록 했다. 그 후 매년 학부 고생물학 교과목 야외 실습의 하나로 학생들을 공기리 단면으로 데려가 화석을 찾는 실험실로 활용했다. 이정구가 영월에서 공기리 단면을 찾은 것은 나에게 커다란 행운이었다.

기형 삼엽충이 알려 준 삼엽충의 진화

화석을 채집한 뒤 실험실에 돌아와서 가장 먼저 하는 일은 실체현미경으로 암석 표품들을 세심하게 관찰하는 것이다. 그런데 표품을 관찰하다 보면 이따금 비정상적인 형태의 삼엽충을 만나기도 한다. 공기리 단면의 삼엽충 화석 중에도 에우고노카레(프세우도이우고노카레) 비스피나툼*Eugonocare (Pseudoeugonocare) bispinatum*에 속하는 비정상적인 형태의 꼬리가 있었다. 정상적인 꼬리에는 뒤쪽에 한 쌍의 기다란 돌기가 나 있다(그림 23의 ①). 그런데 표본들을 관찰하다 돌기가 꼬리의 오른쪽에 1개 있고 왼쪽에 3개 있는 기형畸形의 표본을 발견했다(그림 23의 ②). 왼쪽 3개의 돌기 중 가장 안쪽에 있는 돌기는 그 위치와 길이로 판단해 볼 때 정상이었다. 그러나 바깥쪽에 있는 2개의 돌기는 돌기의 뻗는 방향이나 위치로 볼 때 비정상이었다. 이 기형의 꼬리는 어떻게 생겨났을까?

사실 기형의 삼엽충 표본은 외국 문헌에서도 자주 보고된다. 기형의 삼엽충은 돌연변이 또는 허물벗기 과정에서 생겨나는 것으로

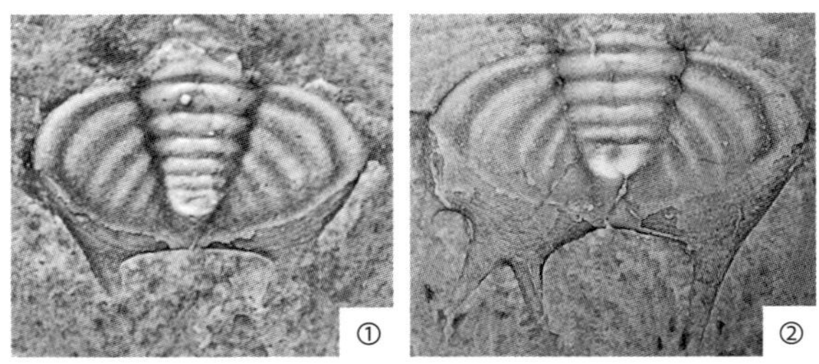

그림 23 공기리 단면 마차리층에서 찾은 삼엽충.
*Eugonocare (Pseudoeugonocare) bispinatum*의 꼬리 화석. ① 정상적인 꼬리, ② 왼쪽에 3개의 돌기가 있는 기형의 꼬리.

알려져 있다. 공기리 단면에서 찾은 표본은 꼬리의 폭이 약 1cm로, 성충 단계의 삼엽충이었다. 그런데 돌기의 형태와 위치로 볼 때, 기형의 돌기는 삼엽충 개체 발생 과정의 중간 단계 초기에 생겨난 것으로 판단되었다. 그 후 성충이 되기까지 여러 번 허물을 벗었음에도 불구하고, 기형의 돌기는 이 삼엽충의 성장에 큰 장애가 되지 않았던 것으로 보인다.

일반적으로 생물이 성장하면서 새로운 기관이나 구조가 만들어지는 것은 유전자가 언제 작동하느냐에 따라 좌우된다. 생물의 개체 발생 과정에서 어떤 형질이 나타나려면 구조構造 유전자가 작동해야 하는데, 그 구조 유전자의 작동은 조절調節 유전자에 의해 통제된다. 그러므로 개체 발생 과정에서 조절 유전자의 스위치가 어느 시점에 켜지고 얼마나 오랫동안 켜져 있느냐에 따라 그 형질의 특성이 다르게 나타난다.

공기리 단면에서 찾은 기형 삼엽충의 경우, 꼬리의 돌기를 만드

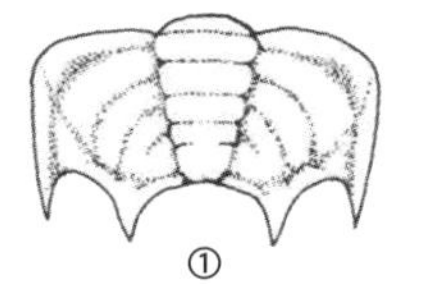

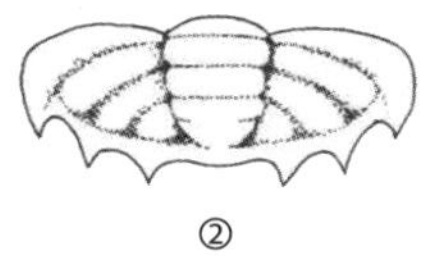

그림 24 미국 서부의 캄브리아기 지층에서 보고된 삼엽충.
① *Eugonocare (Olenaspella) regularis*, ② *Eugonocare (Olenaspella) evansi*.

는 구조 유전자를 활동하게 하는 조절 유전자의 작동 시점과 빈도수에 오류가 있었을 것이다. 왼쪽 돌기를 만드는 구조 유전자를 작동하게 하는 조절 유전자의 스위치가 발생 과정 초기에 두 번의 오작동이 일어나면서 총 3개의 돌기가 만들어졌고, 그 형태가 허물벗기 과정에서도 유지되었던 것으로 보인다.

조절 유전자의 오작동은 생물의 개체 발생 과정에서 가끔 일어난다. 사실 오작동으로 생겨난 기형의 삼엽충이 후대까지 살아남기는 어렵다. 그렇지만 이러한 오작동이 일어나면 생물의 형태가 바뀌고, 나아가 새로운 종의 출현으로 이어질 수 있어 진화적 관점에서 중요한 의미를 지닌다.

공기리 단면에서 관찰된 기형 삼엽충 표본에서 우리는 같은 속屬에 속하는 삼엽충 중 여러 쌍의 돌기를 가지는 종種이 있으리라고 예측했다. 그래서 문헌을 검색해 보니, 놀랍게도 2쌍과 3쌍의 돌기를 가지는 에우고노카레*Eugonocare* 삼엽충이 미국 서부 그레이트베이슨의 캄브리아기 지층에서 발견돼 보고되어 있었다. 2쌍의 돌기를 가진 삼엽충은 에우고노카레 (올레나스펠라) 레굴라리스*Eugonocare (Olenaspella)* *regularis*였고(그림 24의 ①), 3쌍의 돌기를 가진 삼엽충은 에우고노카레(올레나스펠라) 에반시*Eugonocare (Olenaspella) evansi*였다(그림 24의 ②).

이러한 사실은 조절 유전자의 작동 시점과 빈도수가 달라짐에 따라 생물의 형태가 바뀔 수 있다는 점에서 생물 진화와 관련해 중요하다. 이 연구는 이정구가 캐나다 서스캐처원 대학교에서 박사후 연수과정을 수행하면서 알아냈고, 이정구는 이 내용을 정리해 2001년 미국고생물학회의 『고생물학 저널*Journal of Paleontology*』에 발표했다(Lee et al., 2001).

백두대간에서 만난 전기 고생대 5,000만 년의 퇴적 기록

나는 1980년대 후반 삼엽충 화석 연구를 시작했을 때, 태백층군의 두무골층과 직운산층의 오르도비스기 삼엽충 화석 연구 논문을 발표한 다음 줄곧 영월층군의 마차리층과 문곡층의 삼엽충 화석 연구에만 매달렸다. 왜냐하면 마차리층과 문곡층에서 산출된 삼엽충 화석이 엄청나고, 논문으로 발표해야 할 재료가 무척 많았기 때문이다. 그래서 한동안 태백층군의 삼엽충을 연구하겠다는 생각을 할 여유가 없었다. 1989년부터 시작한 영월 지역의 지질 조사와 삼엽충 화석 연구를 10년 남짓 진행한 결과, 영월층군의 층서와 삼엽충 화석 산출 현황을 자세히 알 수 있었다. 나는 10년에 걸쳐 연구한 논문(Choi, 1998)을 『지질과학회지*Geosciences Journal*』에 발표했다.

새로운 밀레니엄이 시작된 2000년 초, 나는 다시 태백 지역의 삼엽충 화석을 연구해 보기로 마음먹었다. 그해 봄, 태백산분지 동쪽 너머에는 어떤 암석이 있는지 궁금했다. 그래서 대학원생들과 함께 태백과 동해안을 연결하는 427번 도로를 따라가면서 암석을 조사해 보기로 했다. 태백에서 출발해 통리역을 지나 '동활東活계곡'이라는 멋진 곳에 이르렀다. 행정 구역으로는 삼척시 가곡면에 속하는 곳이었다. 계곡을 따라 병풍처럼 드리워진 암벽과 그 사이를 뚫고 지나가는 도로가 멋진 조화를 이루어 마치 한 폭의 동양화를 걸어 놓은 것처럼 아름다웠다. 게다가 외진 곳이어서 인적이 드물어 자연환경도 잘 보존되어 있었다. 자연과 함께 호흡한다는 생각에 '지질학을 전공으로 택한 것은 정말 잘한 일이야!'라고 속으로 흐뭇해하면서, 도로 가장자리를 따라 드러난 암석들을 하나하나 관찰해 나갔다.

동활계곡을 지나 풍곡豊谷이라는 마을에 이르렀을 때, 갑자기 도로가 넓어지면서 확장공사 중인 비포장도로가 나타났다. 험준한 산악지대에 뚫린 넓은 도로를 달리면서 한편으로 이렇게 외진 곳에 이처럼 넓은 도로가 왜 필요한지 궁금했다. 구불거리는 비포장도로를 올라 고개 정상 부근에 이르렀을 때, 도로 가장자리를 따라 펼쳐진 석회암 절벽을 보는 순간(그림 25) 약간 긴장되었다. 전혀 예상치 않은 곳에서 층리가 뚜렷이 드러난 석회암층을 만났기 때문이다. 내가 보고 있는 암석이 아직 학계에 보고되지 않은 새로운 암석이거나, 아니면 내가 그동안 연구해 온 석회암이라고 해도 무언가 새로운 내용을 담고 있으리라는 기대에 가슴이 설렜다. 차를 도로 가장자리에 세운 후, 암석을 관찰해 보니 10여 년 전에 연구했던 직운산층에 해당했다.

지도를 펼쳐 들고 내가 서 있는 곳을 찾아보니 강원도 삼척시와 경상북도 봉화군이 만나는 석개재라는 고개였다. 백두산에서 지리

그림 25
석개재 부근 도로변에 드러난 오르도비스기 직운산층

산까지 이어지는 백두대간白頭大幹 중 태백산맥에서 소백산맥이 갈라져 나가는 부근이었다. 석개石塏는 '돌로 이루어진 높은 땅'이라는 뜻인데, 해발 1,000m에 이르는 고갯마루에 두꺼운 층을 이루며 드러난 암석이 '석개'라는 단어와 잘 어울렸다.

석개재 고갯마루에는 남쪽 방향으로 비포장길이 나 있었는데, 차가 다닐 수 있을 정도로 넓었다. 아마도 벌목한 나무를 실어 나르기 위해 만든 임도林道인 듯했다. 임도를 따라 드러난 암석을 조사해 보니, 남쪽으로 갈수록 암석의 나이가 점점 많아졌다. 석개재에 드러난 암석은 태백층군 막골층으로 나이는 약 4억 7,000만 살이다. 막골층을 지나 약 2km 지점에 이르러 캄브리아기와 오르도비스기의 경계(4억 8,685만 년 전)를 만났다. 그리고 태백층군의 캄브리아기 지층들이 잇달아 나타났는데, 약 3km를 더 걸어 캄브리아기 지층 중에서 가장 먼저 쌓인 면산층의 바닥(약 5억 2,000만 년 전)에 도착했다. 석개재

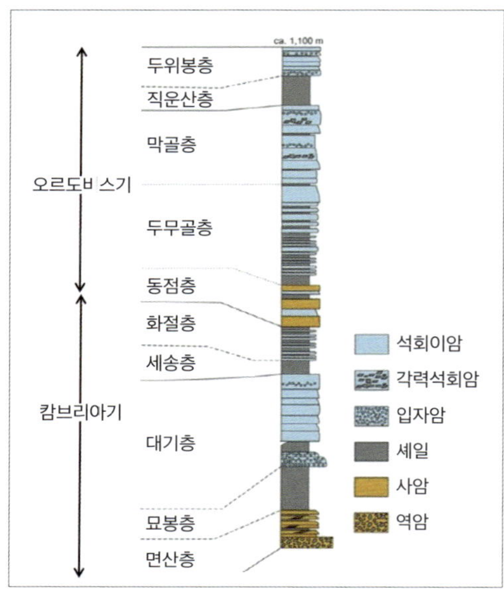

그림 26
석개재 단면의 층서와 암상 요약

고갯마루에서부터 약 5km를 걸어 5,000만 년의 시간을 거슬러 올라갔으니, 이곳에서는 1m를 걸으면 1만 년의 세월을 거슬러 올라가는 셈이었다.

나는 태백층군 암석이 잘 드러나 있는 임도를 '석개재 단면斷面'이라 부르기로 했다. 그날 이후 고생물학 연구실과 퇴적학 연구실의 대학원생을 모두 동원해 석개재 단면의 암석과 화석을 자세히 조사하는 프로젝트를 시작했다. 석개재 단면에는 태백층군의 바닥에서부터 꼭대기에 이르는 모든 지층(면산층, 묘봉층, 대기층, 세송층, 화절층, 동점층, 두무골층, 막골층, 직운산층, 두위봉층)이 잘 드러나 있고, 태백층군의 총두께는 약 1,100m로 측정되었다(그림 26). 우리는 석개재 단면을 3년에 걸쳐 자세히 조사해 태백층군에 관한 기초 자료를 모을 수 있었고, 그 내용을 소개하는 논문(Choi et al., 2004b)을 『지질과학회지』에 발표했다.

석개재에서 태백층군을 만난 것은 엄청난 행운이었다. 그동안 태백 지역 어디에서도 석개재 단면처럼 암석과 화석의 보존 상태가 좋은 곳을 찾아볼 수 없었기 때문이다. 그동안 우리 연구실에서 석개재 단면에 드러난 태백층군의 암석과 화석을 연구해 발표한 논문의 수가 20편이 넘으니, 석개재 단면은 우리나라 캄브리아-오르도비스기 연구의 보물창고인 셈이다. 특히 석개재 단면에서 보존 상태가 좋은 삼엽충 화석을 많이 찾아내 새로운 내용을 알아낼 수 있었다. 고생물학 연구실에서 석개재 단면으로부터 보고한 삼엽충 화석을 정리하면, 대기층에서 19종, 세송층에서 40종, 화절층에서 31종, 동점층에서 11종으로, 총 101종에 이른다(Choi et al., 2016).

삼엽충 화석은 어떻게 동정하고 분류할까?

고생물학 연구실의 대학원생들은 태백과 영월 지역 곳곳을 헤매고 다니면서 많은 삼엽충 화석을 찾아냈다. 우리 연구실에서 그동안 태백산분지의 조선누층군으로부터 화석을 찾아 학계에 보고한 삼엽충은 태백층군에서 118종, 영월층군에서 110종이다(Choi and Park, 2017). 삼엽충 화석을 찾은 후 어떤 종에 속하는지 알아내는 작업은 매우 복잡하고 번거로우며, 잘 마무리하기 위해서는 인내와 끈기가 필요하다.

고생물학자가 화석을 채집한 후 연구실에서 가장 먼저 하는 일은 채집한 화석 표품을 산출된 층준層準별로 분류해 목록을 작성하는 것이다. 그다음에는 연구 대상 표품들을 정해진 기준에 따라 형태가 비슷한 것끼리 묶고, 그 묶음들 사이에 형태적으로 어떤 차이가 있는지 비교한다. 화석 표품에서 관찰된 형태적 특징을 바탕으로 문헌을 검색해 이미 학계에 보고된 종인지 아닌지 확인한다. 이 과정을 동정同定, identification이라고 한다. 일단 종이 정해지면, 그다음에는 종보다 상위 분류군(예: 속, 과, 목, 강 등)을 찾아 계통적으로 배열하는데, 이 과정을 분류分類, classification라고 한다. 화석 표품이 이미 학계에 공식적으로 보고된 종으로 판명되면 해당 종의 학명을 부여하고, 아직 학계에 보고된 종이 아니라는 것이 확인되면 신종으로 발표한다.

화석을 신종으로 발표할 때는 새로운 학명學名을 부여해야 한다. 학명은 속과 종으로 이루어지며, 라틴어 또는 라틴어화한 단어로 만들어진다. 속명은 항상 대문자로 시작하고, 종명은 모두 소문자로 표기하며, 활자화할 때는 이탤릭체로 써야 한다는 규정이 있다. 예를 들어 사람의 학명은 호모사피엔스*Homo sapiens*인데, 여기서 호모는 속이고, 사피엔스는 종이다. 사람의 이름과 비교하면 속은 성姓이고 종은 이름名에 해당한다.

생물을 분류할 때 가장 기본이 되는 단위는 종種, species이다. 종이 정해지면 관련이 깊은 종들을 묶어 속屬, genus을 설정한다. 속이 정해지면 계통적으로 가까운 속들을 묶어 과科, family를 정하고, 목目, order, 강綱, class, 문門, phylum, 계系, kingdom를 순차적으로 정한다. 그런데 야외에서 삼엽충 화석을 찾으면 우리는 외형만 보고도 삼엽충인지 아닌지 금방 알 수 있다. 삼엽충은 절지동물문에 속하는 하나의 강이고, 절지동물문은 동물계에 속한다는 사실은 이미 알려져 있으므로, 삼엽충 화석을 발견하자마자 강, 문, 계는 곧바로 정해진다. 그런 다음 좀 더 자세한 관찰을 바탕으로 과와 목을 정한다.

석개재 단면에서 채집한 삼엽충 중 속명屬名 하마샤니아*Hamashania*를 연구하면서 겪은 일을 예로 들어 화석을 동정하고 분류하는 과정을 소개하려고 한다. 우리는 석개재 단면에 드러난 태백층군에서 보존 상태가 좋은 삼엽충 화석을 많이 찾았다. 특히 석개재 단면의 화절층에서 찾은 후기 캄브리아기(약 4억 9,000만 년 전) 삼엽충 화석들은 얼굴, 뺨, 몸통 마디, 꼬리 등이 모두 분리된 상태로 발견되었다. 그런데 이곳 삼엽충 화석들은 골격이 이산화규소로 치환된 상태로 보존되어 있었기 때문에 삼엽충의 형태적 특징을 3차원적으로 관찰할 수 있었다.

좀 더 자세히 알아보자. 삼엽충 골격은 원래 석회질 성분이었다. 그런데 땅속에 묻혀 있는 동안 지하수의 작용으로 녹아 없어졌다. 그 후 삼엽충 골격이 녹아내린 자리에 생겨난 빈 공간을 지하수에 들어 있던 이산화규소가 채우면서 원래 형태와 똑같은 물체가 만들어졌다. 이처럼 원래 골격이 없어진 뒤 생겨난 공간에 다른 물질이 채워져 남겨진 화석을 '캐스트cast'라고 한다. 나는 같은 종에 속할 것으로 보이는 얼굴, 뺨, 꼬리 표본을 모두 모은 다음, 좋은 표본들을 골라서 사진을 촬영했다(그림 27).

그런 다음 캄브리아기 삼엽충을 다룬 논문에 수록된 사진들을 검색해 비슷한 형태의 삼엽충 화석을 찾기 시작했다. 그 결과, 고바야시의 논문(Kobayashi, 1942a)에서 석개재 단면의 화석 표품과 비슷한 삼엽충 화석 사진을 찾아냈다. 그 화석은 중국 북동 지역 랴오닝성辽宁省의 후기 캄브리아기 지층에서 산출된 삼엽충으로, 하마샤니아 풀케라*Hamashania pulchera*라는 학명이 붙어 있었다. 얼굴과 꼬리로 이루어진 그 표본들(그림 28의 ①과 ②)은 형태가 불완전했지만, 고바야시는

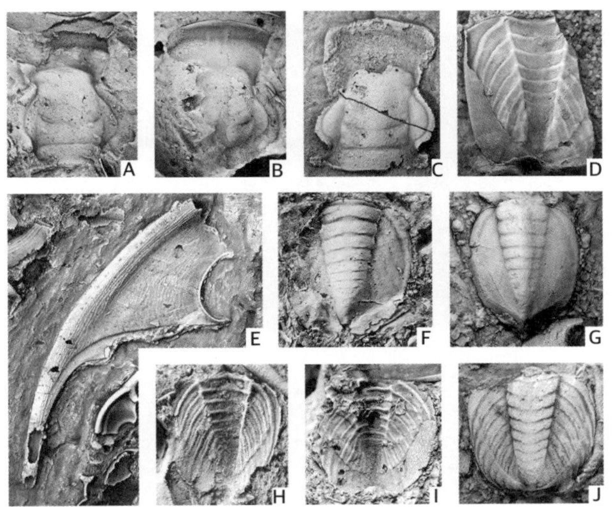

그림 27 석개재 단면의 화절층에서 찾은 삼엽충 *Hamashania.*

A~G: *Hamashania pulchera*(Kobayashi, 1942a). A~C는 얼굴, E는 뺨, D, F, G는 꼬리, H~J는 *Hamashania busiris*(Walcott, 1905)의 꼬리.

신속·신종으로 보고했다. 고바야시의 논문에서 화석 사진을 처음 보았을 때는 보존 상태가 나빠서 이처럼 불완전한 표본들을 바탕으로 신속·신종을 제안하는 것이 과연 옳은 일인가 의문이 들기도 했다. 어쨌든 나는 석개재에서 찾은 삼엽충 화석 표본들이 하마샤니아 풀케라에 속한다고 판단했다.

태백 지역의 화절층 화석을 다룬 고바야시의 또 다른 논문(1960b)에서도 하마샤니아와 비슷해 보이는 삼엽충 얼굴과 꼬리 화석을 찾을 수 있었다. 그 논문에 수록된 삼엽충 얼굴과 꼬리 사진은 보존 상태가 매우 나빴다. 그런데 얼굴 표본(그림 28의 ③)은 신속·신종으로 플

그림 28 문헌에서 찾은 *Hamashania*에 속하는 삼엽충.

①&② 고바야시가 1942년에 신속·신종으로 보고한 *Hamashania pulchera*의 얼굴과 꼬리, ③ 고바야시가 1960년 태백 지역 화절층에서 신속·신종으로 보고한 삼엽충 *Platysaukia euryrachis*의 얼굴, ④ 고바야시가 1960년 태백 지역 화절층에서 *Mareda mukazegata*로 보고한 삼엽충 꼬리, ⑤ 1978년 중국 랴오닝성에서 보고된 삼엽충 *Goumenzia latilimbata*의 얼굴, ⑥ 1978년 중국 랴오닝성에서 보고된 삼엽충 *Mareda sinuata*의 꼬리, ⑦ 1987년 중국 산둥성에서 보고된 삼엽충 *Mareda busiris*의 꼬리, ⑧ 1992년 중국 지린성에서 보고된 삼엽충 *Mareda* sp.의 꼬리.

라티사우키아 에우리라키스*Platysaukia euryrachis*라는 학명이 붙어 있고, 꼬리 표본(그림 28의 ④)에는 마레다 무카제가타*Mareda mukazegata*라는 학명이 붙어 있었다. 두 표본 모두 보존 상태는 나빴지만, 자세히 관찰해 보면 고바야시가 1942년에 보고한 하마샤니아 풀케라와 같다는 것을 알 수 있다.

나는 고바야시가 화석을 동정하는 과정에서 오류를 범한 것으로 판단했다. 고바야시는 태백 지역 화절층에서 찾은 삼엽충이 그가 1942년 중국 랴오닝성으로부터 보고한 하마샤니아 풀케라와 같다는 사실을 인지하지 못했던 것이다. 태백 지역 화절층에서 보고한 플라티사우키아 에우리라키스와 마레다 무카제가타는 모두 하마샤니아 풀케라로 동정했어야 옳다. 이러한 경우, 플라티사우키아는 하마샤니아와 개념이 같은데, 나중에 제안되었기 때문에 더 이상 사용해서는 안 된다. 이를 전문 용어로 말하면, 플라티사우키아는 하마샤니아의 이명동속異名同屬, junior synonym이기 때문에 쓸모없는 학명이 된다.

한편, 마레다 무카제가타라는 삼엽충은 고바야시가 1942년에 발표한 또 다른 논문(Kobayashi, 1942b)에서 신속·신종으로 보고되었다. 그런데 고바야시는 마레다 무카제가타를 신속·신종으로 보고할 때 직접 채집한 표본을 바탕으로 제안한 것이 아니라, 중국 베이징 대학교의 쑨윈주孫云鑄 교수가 1935년에 발표한 논문(Sun, 1935)에 수록된 프테로케팔루스 부시리스*Pterocephalus busiris*의 표본 중 일부 표본에 이름을 붙여 제안한 것이었다. 그런데 중국 산시성山西省의 후기 캄브리아기 지층에서 산출된 마레다 무카제가타는 꼬리의 축이 좁고 길쭉한 점에서 하마샤니아와 뚜렷이 달랐다. 따라서 고바야시가 태백 지역 화절층에서 찾은 꼬리 화석에 마레다 무카제가타라는 학명을 붙인 것은 오류였다. 나는 고바야시가 화절층에서 마레다 무카제가타라고 보고한 꼬리 표본(그림 28의 ④)도 하마샤니아 풀케라에 속하는 것으로 판단했다.

이 외에도 문헌 검색 과정에서 나는 중국 학자들이 1978년에 발표한 논문(Guo and Duan, 1978)에서 비슷한 오류를 찾아냈다. 중국 랴오닝성에서 마레다 시누아타*Mareda sinuata*로 보고된 꼬리 표본 중 일부(그림 28의 ⑥)는 하마샤니아 풀케라에 속하고, 같은 논문에서 고우멘지아 라틸림바타*Goumenzia latilimbata*라는 신속·신종으로 보고된 얼굴 표본(그림 28의 ⑤)은 하마샤니아 부시리스*Hamashania busiris*에 속하는 것으로 판단했다. 또 1987년 중국 산둥성山東省에서 마레다 부시리스*Mareda busiris*로 보고된 꼬리 표본(그림 28의 ⑦; Zhang and Jell, 1987)과 1992년 지린성吉林省에서 마레다 sp.*Mareda* sp.로 보고된 꼬리 표본(그림 28의 ⑧; Zhu, 1992)도 모두 하마샤니아에 속하는 것으로 판단했다.

앞서 고바야시가 태백 지역 화절층에서 보고한 플라티사우키아는 하마샤니아와 개념이 같기 때문에 쓸모없는 학명이라고 말했다. 그런데 문헌을 계속 검색하는 과정에서 오스트레일리아의 후기 캄브리아기 지층인 파코타 사암층Pacoota Sandstone으로부터 플라티사우키아라는 속명을 사용한 2종의 삼엽충(*Platysaukia jokliki*와 *Platysaukia tomichi*)이 신종으로 보고된 논문(Shergold, 1991)을 만났다. 그런데 오스트레일리아에서 플라티사우키아에 속하는 것으로 보고된 표본은 하마샤니아와 형태적으로 전혀 달랐다. 오스트레일리아에서 플라티사우키아로 보고된 종들은 하마샤니아와 관련이 없어 오스트레일리아로부터 플라티사우키아로 보고된 2종의 삼엽충에 파코타사우키아라는 새로운 속명을 붙여 각각 파코타사우키아 조클리키*Pacootasaukia jokliki*와 파코타사우키아 토미키*Pacootasaukia tomichi*라고 부를 것을 제안했다. 내가 위에서 기술한 내용은 2005년 오스트레일리아 고생물학 학술지 『앨처링거*Alcheringa*』에 실렸다(Sohn and Choi, 2005).

아마도 이 글을 읽으면서 느꼈을지도 모르지만, 삼엽충 화석을 동정하고 분류하는 과정은 무척 복잡하고 번거로워 머리가 아플 정

3

하마샤니아 풀케라의 이명동종 목록

Order Asaphida Salter, 1864
Superfamily Dikelocephaloidea Miller, 1889
Family Dikelocephalidae Miller, 1889
Hamashania pulchera Kobayashi, 1942a.

1942a *Hamashania pulchera* Kobayashi, p. 38, figs 1-4.
1960b *Platysaukia euryrachis* Kobayashi, p. 407, pl. 19, fig. 12, text-fig. 13b.
1960b *Mareda mukazegata* Kobayashi, p. 407, pl. 19, figs 31-32, text-fig. 14b.
1978 *Mareda sinuata* Guo & Duan, p. 456, pl. 2, fig. 21.
1987 *Mareda busiris* (Walcott); Zhang & Jell, p. 245, pl. 121, fig. 6.

도이다. 그래서 고생물학 전문 학술지에서는 논문에서 다루는 화석의 이명동종에 관한 내용을 요약해 반드시 포함하도록 요구하고 있다. Box 3에 하마샤니아 풀케라를 보고한 논문(Sohn and Choi, 2005)에서 작성한 이명동종의 예를 소개했다.

Box 3의 내용을 간략히 설명하면, 1942년 고바야시의 논문(1942a)에서 삼엽충 화석 하마샤니아 풀케라가 신속·신종으로 보고되었다. 그 후 여러 논문(Kobayashi, 1960; Guo & Duan, 1978; Zhang & Jell, 1987)에서 다른 학명으로 보고된 삼엽충 화석들은 모두 하마샤니아 풀케라에 속한다는 뜻이다. 화석을 동정하고 분류할 때는 세심한 관찰과 판단이 필요하다.

13

중국 산둥반도에 가다

2002년 8월, 중국 베이징 대학교 지질학과 바이즈창白志强 교수의 초청으로 아내와 함께 3박 4일 일정으로 베이징을 방문했다. 바이즈창은 1990년대 후반 서울대학교 고생물학 연구실에 방문교수로 2년간 체류했는데, 한국에서의 나의 배려에 대한 답례로 우리 부부를 초청한 것이었다.

베이징에 도착한 다음 날, 나는 베이징 대학교 지질학과 교수와 학생들에게 태백산분지의 삼엽충에 관한 연구 내용을 세미나 형식으로 발표했다. 세미나 다음 날에는 바이즈창이 마련한 베이징 주변 명승지를 관광했다. 바이즈창의 연구실 소속 대학원생 선빙沈氷의 안내로 만리장성萬里長城, 용경협龍慶峡, 자금성紫禁城, 이화원颐和园 등을 구경했다.

선빙은 당시 미국 유학을 준비하고 있었는데, 미국 대학으로부터 입학 허가가 나왔음에도 불구하고 비자를 발급받지 못해서 힘들어하고 있었다. 마침 그 무렵의 나는 북중국의 캄브리아기 삼엽충 연구 계획을 가지고 있었고, 우수한 중국 학생이 그 연구에 참여하면 좋겠다고 생각하던 터여서 선빙에게 서울대학교에서 공부할 의향이 있는지 물었다. 다음 날 선빙이 긍정적으로 답해, 나는 귀국 후 곧바로 선빙을 대학원생으로 받아들이기 위한 서류 작업을 시작했다. 당시 서울대학교에서는 외국인 대학원생 유치를 장려하고 있어 선빙의 입학허가가 비교적 빨리 나왔다. 2003년 3월, 선빙이 고생물학 연구실에 들어오면서 중국 삼엽충 연구를 위한 본격적인 준비에 들어갔다.

삼엽충 연구는 우리나라보다 중국에서 훨씬 일찍 시작되었다. 1905년 미국의 고생물학자 찰스 월컷Charles D. Walcott이 중국 산둥반도의 캄브리아기 삼엽충에 대한 연구를 발표했고(Walcott, 1905), 1924년과 1935년에 베이징 대학교의 쑨윈주 교수가 허베이성 탕산唐山 부근의 캄브리아기 삼엽충 화석을 자세히 연구했다(Sun, 1924, 1935). 하지만 그 후 연구가 지지부진했다. 일단 두 지역을 연구 대상으로 고려하고, 2003년 7월 대학원생들과 함께 중국으로 향했다.

7월 24일 베이징에 도착해 바이즈창과 함께 산둥성의 성도인 지난濟南으로 갔다. 지난 공항에 미리 와 있던 선빙을 만나 숙소가 있는 타이안泰安으로 향했다.

지난 공항에서 타이안까지는 차로 약 2시간이 걸렸다. 타이안 부근에 이르렀을 무렵 바이즈창이 왼편에 보이는 높은 산이 타이산泰山이라고 알려 주었다. 조선시대 문인 양사언의 시조 '태산이 높다 하되'에 나오는 바로 그 태산이다. 나는 깜짝 놀랐다. 어렸을 적 한때 태산을 세상에서 가장 높은 산이라고 알고 있었는데, 바로 그 태산을 만났기 때문이다. 그런데 사실 타이산은 높이가 1,532m로 우리나라의 태백산(1,567m)보다도 낮다. 그럼에도 불구하고 옛날 중국 사람들이 타이산을 높다고 생각한 것은 황허 유역을 따라 넓게 펼쳐져 있는 화베이평원华北平原 한가운데 우뚝 솟아 있기 때문이었으리라!

타이안에 도착한 우리는 중국에서의 조사 일정을 논의해, 산둥반도 지역은 1주일간, 탕산 지역은 3~4일간 조사하기로 했다. 산둥반도 조사에는 바이즈창과 친분이 있는 산둥과학기술대학교 지질학과의 한쭤전韓作振 교수가 적극적으로 도와주었다. 산둥반도 탕왕자이唐王寨 단면의 캄브리아기 지층은 우리나라 태백산분지의 지층과 달리 거의 변형을 받지 않아 마치 시루떡처럼 차곡차곡 쌓여 있고(페이지 44의 Box 1 그림 참조), 화석의 보존이나 산출 양상도 우리나라와 비교할 수 없을 정도로 좋았다. 산둥반도에서 1주일간 조사를 마친 후 우리는 허베이성 탕산으로 이동해 캄브리아기 지층을 4일 동안 조사한 다음 8월 6일 귀국했다. 두 지역 모두 연구하기에 좋았지만, 연구 대상의 중요성과 접근성을 고려해 산둥반도를 우선 연구 지역으로 결정했다.

2003년에 시작된 산둥반도의 캄브리아기 지층 조사와 연구는 퇴적학 연구실이 참여하면서 규모가 확대되었다. 봄철과 가을철의 야외 조사 시즌이 되면, 한국에서 대학원생 5~6명과 산둥과학기술대학교의 한쭤전, 그리고 그의 제자들이 합류해 많을 때는 연구진의 수가 10여 명에 이르기도 했다. 당시 서울대학교 고생물학 연구실의 모든 대학원생이 산둥반도 조사에 투입되었다.

산둥반도 야외 조사를 2~3년 진행하자 캄브리아기 삼엽충의 산출 양상에 관한 윤곽을 어느 정도 알 수 있었다. 찾은 삼엽충 화석은 양도 많고 보존 상태도 좋았다. 그러나 학술적인 면에서 흥미로운 연구거리를 찾기 어려웠다. 산둥반도에서 찾아낸 삼엽충 화석이 대부분 우리나라에서 알려진 내용을 확인하는 수준에 그쳤기 때문이다. 과학을 하는 즐거움은 새로운 사실을 알아내는 것에 있지, 알려진 내용을 재확인하는 것에 있지 않았다. 그 후에도 몇 차례 산둥반도를 방문해 야외 조사를 진행했지만, 그 무렵 우리나라의 태백 지역에서 새로운 화석들이 발견되면서 산둥반도의 연구는 마무리했다. 그래도 산둥반도에서 찾은 화석을 재료로 7편의 논문을 발표했다.

나의 중국 삼엽충 연구에 시동을 걸었던 선빙은 서울대학교에서 1년을 공부한 후 원래 입학 허가를 받았던 미국 버지니아주립대학교로 옮겨 가서 박사학위를 받고, 지금은 베이징 대학교 교수로 재직하고 있다.

2010년, 마차리층에서 새로운 삼엽충 화석 발견

앞에서 말한 것처럼 영월 지역의 마차리층은 삼엽충 화석의 보고였다. 1989년 봄 영월 마차리층에서 삼엽충 화석을 처음 찾은 후, 10여 년에 걸친 집중 조사로 마차리층에서 엄청나게 많은 삼엽충을 찾아냈다. 그 덕분에 캄브리아기 삼엽충 화석에 관한 연구 논문을 꾸준히 발표해, 한국에서 캄브리아기 삼엽충 연구가 활발히 이루어지고 있다는 사실이 국제적으로 알려졌다.

2002년에 나는 국제캄브리아기층서위원회International Subcommission on Cambrian Stratigraphy 상임위원으로 선임되어 캄브리아기 층서와 관련된 제반 사항을 결정할 때 투표권을 행사할 수 있게 되었다. 국제캄브리아기층서위원회 상임위원 선임은 개인적으로도 영광스럽지만, 우리 연구실의 연구 능력을 인정받았다는 점에서 무척 기뻤다. 나는 우리나라의 캄브리아기 지층을 국제 학계에 알려야겠다는 생각에 제9차 학술회의를 한국에서 개최하겠다는 뜻을 전했고, 곧바로 승인되었다.

'한국 2004-고요한 아침의 나라에서의 캄브리아기KOREA 2004-

그림 29 2004년 9월, 한국에서 열린 제9차 국제캄브리아기층서위원회 학술회의 일환으로 야외 학술답사 중에 찍은 사진

Cambrian in the Land of Morning Calm'라는 타이틀 아래 2004년 9월 태백과 영월에서 학술회의가 개최되었다. 나는 제9차 국제캄브리아기층서위원회 학술회의 조직위원장으로서 회의를 준비했다. 학술회의는 9월 15일부터 9월 22일까지 7박 8일 일정으로 진행되었으며, 외국에서 30여 명의 학자와 국내에서 관련학자 및 대학원생 20여 명이 참가했다(그림 29).

나는 태백산분지의 암석층서와 삼엽충 생층서를 종합적으로 소개하는 논문을 발표했다(Choi and Chough, 2005). 그 논문에서 보고한 마차리층의 삼엽충 생층서대는 10개였는데, 하부로부터 톤키넬라대,

레이오피게 아르마타대, 글리프타그노스투스 스톨리도투스대, 글리프타그노스투스 레티쿨라투스대, 프로케라토피게 테누이스대, 한크라니아 브레빌림바타대, 에우고노카레 롱기프론스대, 에오쿠앙기아하나대, 아그노스토테스 오리엔탈리스대, 프세우도이우에핑기아 아사포이데스대 등이었다. 그 무렵, 나는 마차리층의 삼엽충 화석을 모두 찾았다고 확신해 마차리층에 대한 조사를 마무리했다.

그런데 2010년 10월 초, 충북대학교 이철우 교수 연구 팀이 영월군 북면 덕상리德上里 일대를 조사하다가 그곳의 마차리층에서 삼엽충 화석을 찾았다는 소식을 전해 왔다. 그곳은 충북대학교 석사과정 대학원생 노동영의 연구 지역이었는데, 도로변을 따라 드러난 마차리층을 관찰하는 도중에 삼엽충 화석을 발견해서 삼엽충을 연구하는 나에게 소식을 알렸던 것이다.

나는 덕상리의 삼엽충도 그동안 우리가 연구했던 마차리층 화석 산지에서 발견한 종류일 거라고 생각해 별로 기대하지 않았다. 덕상리의 삼엽충 화석이 어떤 종류인지 확인하기 위해서 2010년 10월 중순에 덕상리를 찾았다. 도로를 따라 암석이 잘 드러나 있고(그림 30), 퇴적 구조도 잘 보존되어 있었다. 노동영으로부터 그동안 조사 내용에 대한 설명을 들은 다음, 화석을 찾기 시작했다. 얼마 지나지 않아 보존 상태가 좋은 삼엽충 화석을 찾아내고는 깜짝 놀랐다. 왜냐하면 그때까지 마차리층에서 보고되지 않은 새로운 종류였기 때문이다. 그동안 나는 마차리층을 속속들이 조사했다고 자부하고 있었다. 그런데 아직도 찾지 못한 삼엽충이 있었다니, 나 자신을 스스로 질책하

그림 30 영월군 북면 덕상리의 마차리층 화석 산지

는 한편 새로운 삼엽충을 연구할 수 있다는 생각에 가슴이 설렜다.

나는 덕상리에 드러난 마차리층을 암상에 따라 자세히 구분한 다음, 삼엽충 화석을 체계적으로 채집했다. 그리고 연구실에 돌아와서 삼엽충 화석을 동정하면서 다시 한번 놀랐다. 왜냐하면 덕상리의 삼엽충들은 전 세계적 분포를 보여 주는 종류였고, 삼엽충 자료를 바탕으로 계산해 보니 두께 3m의 구간이 5억 400만 년에서 4억 9,700만 년 전에 쌓였다는 결과를 얻었기 때문이다. 이는 지층이 3m 쌓이는 데 무려 700만 년이 걸렸으며, 다시 말해 1m 쌓이는 데 200만 년이 넘게 걸렸음을 의미한다.

나는 덕상리의 삼엽충 화석 연구를 박사과정 대학원생 홍발에게 맡겼다. 홍발은 캄브리아기 드럼절Drumian Age의 시작을 알려 주는 표준 화석 프티카그노스투스 아타부스*Ptychagnostus atavus*와 그 조상종인

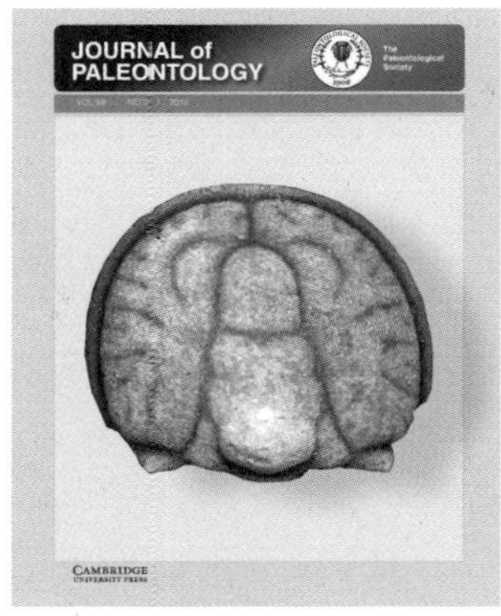

그림 31
2015년 *Journal of Paleontology* 제89권 제3호 표지에 실린 영월 마차리층 삼엽충 *Ptychagnostus sinicus*

프티카그노스투스 시니쿠스*Ptychagnostus sinicus*의 관계를 자세히 분석했다. 우리가 연구한 내용을 정리한 논문(Hong and Choi, 2015)이 미국 『고생물학 저널』 제89권 제3호에 실렸다. 화석의 보존 상태가 좋았기 때문인지 프티카그노스투스 시니쿠스의 사진 중 하나가 표지를 장식하기도 했다(그림 31).

삼엽충이 알려 준 한반도의 전기 고생대 고지리

앞에서 영월 지역에 분포하는 퇴적암의 층서와 지질시대를 알아내는 데 삼엽충 화석이 중요한 역할을 한 연구 내용을 소개했다. 실제로 화석을 연구하는 고생물학자가 가장 먼저 알고 싶어 하는 내용은 바로 화석이 들어 있는 퇴적암이 언제 쌓였느냐 하는 점이다. 그런데 화석은 지질시대 외에 그 퇴적암이 쌓일 당시의 환경과 고지리에 관한 정보도 알려 준다.

1967년 고바야시는 태백산분지의 삼엽충 화석과 관련해 동아시아 지역의 캄브리아기 고지리 특성을 다룬 논문(Kobayashi, 1967)을 발표했다. 고바야시는 캄브리아기 삼엽충 화석 자료를 분석해 동아시아 지역을 3개의 동물구로 나누었다. 동물구動物區란 같은 종류의 동물 화석들이 분포하는 지역을 말한다. 3개의 동물구는 각각 황하黃河동물구, 천전川滇동물구, 강남江南동물구로 명명되었다(그림 32).

황하동물구는 주로 얕은 바다에 살았던 토착성 삼엽충들이 산출

그림 32
동아시아 캄브리아기 동물구.
회색 부분은 육지이다.

된 북중국 대부분을 차지하며, 천전동물구는 전기 캄브리아기의 특징적 삼엽충이 산출된 중국 서부 지역을 아우르고, 강남동물구는 전 세계적 분포를 보여 주는 삼엽충이 많은 남중국 지역을 말한다. 우리나라 태백산분지의 태백 지역은 황하동물구, 영월 지역은 강남동물구에 속하는 것으로 그려져 있었다.

1970년 판구조론이 등장한 이후, 사람들은 과거 지질시대에 대륙이 합쳐지기도 하고 갈라지기도 했다는 사실을 이해하기 시작했다. 이와 관련해 북중국과 남중국의 캄브리아기 삼엽충 화석군집이 뚜렷이 다르다는 점에 주목한 지질학자들은 북중국과 남중국이 캄브리아기에는 서로 멀리 떨어져 있었다는 논문을 발표했다. 1980년대 이후에는 고지자기古地磁氣 자료와 연결해 고생대 초에 동아시아 대륙이 중한中韓 랜드와 남중南中 랜드로 나뉘어 있었다는 주장이 큰 호응을 얻었다. 중국 대륙은 중한랜드와 남중랜드의 충돌에 의해 만들어졌고, 그 충돌은 중생대 초에 지금의 친링-다비에秦岭-大別 습곡대(그림 32)를 따라 일어났다는 해석으로 이어졌다.

이와 같은 해석은 중국 대륙의 고생대 고지리 모습을 그리는 데 크게 기여했지만, 땅덩어리가 작은 한반도에 대해서는 학자들에 따라 다르게 받아들여졌다. 어떤 사람들은 한반도가 모두 중한랜드에 속했다고 주장하는가 하면, 어떤 사람들은 한반도를 남북으로 나누어 북쪽은 중한랜드에, 남쪽은 남중랜드에 속한 것으로 그리기도 했다.

시간이 한참 지난 1991년 초, 우리나라 지질학자들을 깜짝 놀라게 한 논문이 발표되었다. 우리나라의 옥천대를 연구하고 있던 프랑스 지질학자 도미니크 클뤼젤Dominique Cluzel이 중한랜드와 남중랜드의 충돌대인 중국의 친링-다비에-술루Qinling-Dabie-Sulu 습곡대가 한반도를 지난다는 가설(Cluzel et al., 1991)을 발표한 것이다. 클뤼젤은 논문에서 친링-다비에-술루 습곡대가 황해도 남부 지역(이하 임진강대)을 동서 방향으로 가로지른 다음, 남서쪽으로 방향을 틀어 태백산분지의 한가운데를 지난다고 주장했다. 그리고 태백 지역은 중한랜드에, 영월 지역은 남중랜드에 속한 그림을 제시했다. 이 해석은 태백 지역과 영월 지역이 고생대 초 서로 다른 대륙에 속했음을 의미했다. 클뤼젤이 그렇게 주장한 배경에는 태백과 영월의 캄브리아기 삼엽충 화석군집이 다르다는 고바야시의 연구 결과가 중요하게 작용했다.

1990년대 초, 당시 나는 주로 영월 지역 문곡층의 삼엽충을 집중적으로 연구하고 있어, 논문이 발표되었을 때 곧바로 클뤼젤의 가설이 틀렸다고 단언할 수 있었다. 왜냐하면 문곡층의 요시무라스피스대에서는 삼엽충 요시무라스피스(그림 15의 ①과 ②)가 표본의 70~90%를 차지했는데, 요시무라스피스는 북중국의 전기 오르도비스기 지층에서만 보고되어 있었기 때문이다. 이 자료는 영월 지역이 전기 오르도비스기에 북중국과 같은 대륙에 속했다는 강력한 증거였다. 그래서 클뤼젤의 가설이 틀렸다고 확신할 수 있었다. 이후 1994년 서울대학교에서 열린 국제학술회의에서 전기 고생대에 한반도가 모두 중한랜드에 속해야 한다는 논문을 발표했다.

나는 한동안 클뤼젤의 가설에 부정적 입장을 고수했다. 그런데 우리나라 지질학의 다른 분야 연구자들이 대부분 클뤼젤의 가설을 지지하는 경향을 보였고, 시간이 흐르면서 황해도를 가로지르는 임진강대가 중한랜드와 남중랜드의 충돌대라는 주장이 우리나라 학계에서 강력한 지지를 받음에 따라 나도 그 가설과 어울리는 새로운 모델을 찾아내야 했다. 하지만 임진강대가 중한랜드와 남중랜드의 충돌대라고 해도 태백산분지는 모두 중한랜드에 속해야 하는 것은 분명했다. 왜냐하면 태백산분지의 오르도비스기 삼엽충 화석군집이 북중국의 오르도비스기 삼엽충 화석군집과 거의 비슷했고, 태백산분지와 북중국의 오르도비스기 삼엽충 화석군집이 비슷하다는 사실은 이 삼엽충들이 같은 대륙에 붙어 있는 얕은 바다에서 살았음을 의미했기 때문이다. 그렇다면 고바야시가 1967년 논문에서 제시한 태백 지역과 영월 지역의 캄브리아기 삼엽충 화석군집이 다른 점을 어떻게 설명해야 할까?

그림 33
마차리층의
흑색 셰일

1990년대 중반에 나는 영월 지역 문곡층의 삼엽충 화석군에 대한 연구를 어느 정도 마무리하고, 마차리층의 캄브리아기 삼엽충 연구에 더 많은 시간을 보내고 있었다. 왜냐하면 마차리층에서 엄청나게 많은 삼엽충 화석을 찾아 연구해야 할 재료가 무척 많았기 때문이다. 특히 영월 지역 마차리층 삼엽충 중에는 전 세계적 분포를 보여 주는 종류가 표본의 80~90%를 차지할 정도로 많았다. 나는 그중에서 마차리층 삼엽충 화석들이 대부분 엽층리로 이루어진 흑색 셰일층(그림 33)에서 산출되는 점에 주목했다.

영월의 마차리층에 전 세계적 분포를 보여 주는 삼엽충이 많은 점과 화석 산출 구간의 암석이 대부분 흑색 셰일이라는 사실로부터 마차리층이 수심이 깊고 용존 산소량이 적은 바다에서 쌓였을 것으로 추정했다. 마차리층 삼엽충 화석 중에 전 세계적 분포를 보여 주는 종류가 많은 것은 해류를 따라 떠돌며 살았던 삼엽충이 죽은 후 바닥에 가라앉아 화석이 되었기 때문일 것이다. 삼엽충이 죽으면 그

유해가 바닥에 가라앉는데, 파도의 영향을 덜 받는 깊은 바다일 경우 화석으로 남겨질 가능성이 무척 크다. 그러므로 고지리를 해석할 때는 전 세계적 분포를 보여 주는 삼엽충 자료에 큰 비중을 두면 안 된다. 토착성이 뚜렷한 삼엽충 자료를 더 중요하게 다루어야 한다. 그런데 영월에서 캄브리아기 삼엽충은 전 세계적 분포를 보여 주는 반면에 오르도비스기 삼엽충은 토착성이 뚜렷한 종류가 많았다. 어떻게 그런 일이 일어났을까?

나는 영월 지역의 삼엽충 화석 자료를 통해 영월 지역이 캄브리아기에는 깊은 바다였지만 오르도비스기로 넘어가면서 수심이 얕은 바다가 되었을 것으로 추정했다. 그런데 영월 지역의 층서를 보면 캄브리아기 마차리층과 오르도비스기 문곡층 사이에 끼여 있는 캄브리아기 와곡층(페이지 58의 표 1 참조)은 온통 돌로스톤으로 이루어진 단조롭고 두꺼운(두께 250m) 지층이다. 와곡층에서 삼엽충 화석을 발견하지는 못했지만, 위아래 삼엽충 화석군집의 연령 자료를 바탕으로 와곡층의 지질시대와 퇴적 속도를 추정할 수 있었다. 삼엽충 자료를 통해 추정한 와곡층의 퇴적 시기는 약 4억 9,000만 년에서 약 4억 8,700만 년 전이다. 그러므로 와곡층이 250m 쌓이는 데 300만 년이 걸린 것이다. 이는 와곡층이 1m 쌓이는 데 평균 1만 2,000년이 걸렸음을 의미한다. 그런데 앞에서 언급한 것처럼 마차리층은 1m 쌓이는 데 평균 10만 년 이상 소요된다. 따라서 와곡층이 마차리층보다 10배 가량 빠른 속도로 쌓였다는 뜻이다. 캄브리아-오르도비스기에는 전 지구적으로 해수면이 꾸준히 상승하는 추세였음에도 불구하고, 오르도비스기 초 영월 지역의 수심이 얕아졌다는 사실은 캄브리아기가 끝나기 직전에 영월 지역에서 퇴적물이 쌓이는 속도가 해수면 상승 속도보다 빨랐음을 의미한다.

정리하면, 영월 지역은 마차리층이 쌓인 캄브리아기에는 깊은 바다였는데, 캄브리아기가 끝나기 직전 약 300만 년 동안 와곡층이 빠르게 쌓이면서 영월 지역 바다의 수심이 얕아져 태백 지역과 거의 비슷한 환경이 되었다는 이야기이다. 그 결과, 오르도비스기에 들어서면서 영월 지역에도 토착성이 뚜렷한 삼엽충들이 살기 시작했고, 영월 지역 문곡층의 오르도비스기 삼엽충 화석군은 태백과 북중국 지역에서 보고된 오르도비스기 삼엽충 화석군과 거의 비슷해졌다. 이처럼 전기 오르도비스기에 태백산분지에서 토착성이 뚜렷한 삼엽충 화석군집이 산출된다는 사실은 전기 고생대 기간에 영월 지역이 태백 지역과 함께 북중국과 지리적으로 연결되어 있었다는 중요한 증거이다.

나는 오르도비스기 삼엽충 화석군의 특성을 바탕으로 황해도 지역에 동서 방향으로 배열된 임진강대가 중한랜드와 남중랜드의 충돌대라고 해도 태백산분지는 모두 중한랜드에 속해야 한다고 결론 내렸다. 그래서 중한랜드와 남중랜드 충돌대의 연장선을 태백산분지의 서쪽 가장자리로 옮겨야 한다는 논문을 2000년 오스트레일리아 고생물학회에서 발표했고, 이듬해에 논문(Choi et al., 2001)이 오스트레일리아 고생물학회지 『앨처링거』에 수록되었다. 그 논문에서는 전기 오르도비스기에 한반도를 이루는 땅덩어리가 낭림육괴, 경기육괴,

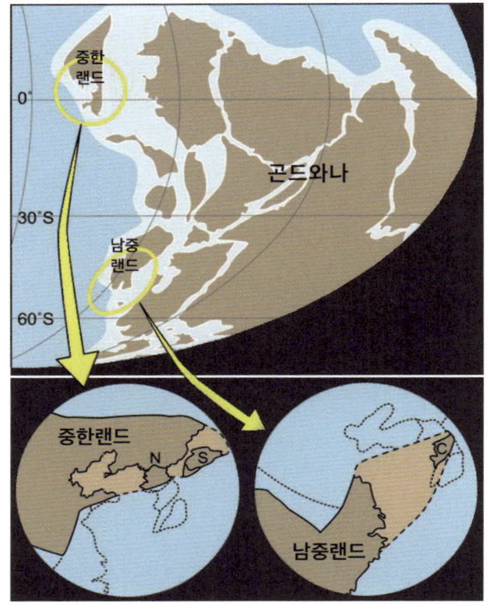

그림 34
전기 오르도비스기 고지리도.
C: 경기육괴, N: 낭림육괴,
S: 영남육괴.

영남육괴 세 부분으로 나뉘어 있으며, 이 중에서 낭림육괴와 영남육괴는 중한랜드, 경기육괴는 남중랜드에 속하는 고지리도(그림 34)를 제시했다.

이 논문에서는 고생대 초에 중한랜드와 남중랜드가 각각 곤드와나Gondwana라는 커다란 대륙의 가장자리에 위치한 것으로 그렸다. 그림34는 크리스토퍼 스코티스Christopher R. Scotese의 논문(Scotese and McKerrow, 1991)에 수록된 전기 오르도비스기 고지리도를 약간 수정한 것이다. 당시 나는 태백산분지에 있던 전기 고생대 바다가 오늘날의 태평양처럼 넓은 대양을 향해 있었던 것으로 추정했다. 그리고 태백 지역의 캄브리아기 암석과 삼엽충은 얕은 바다의 특성을, 영월 지역의 캄브리아기 암석과 삼엽충은 깊은 바다의 특성을 보여 주기 때문에 태백 지역은 육지에 가까웠고, 영월 지역은 육지에서 멀리 떨어져 있었을 것으로 판단했다.

앞에서도 언급했지만 일반적으로 바다의 수심은 육지에서 멀어짐에 따라 깊어진다. 바다 밑은 대륙붕, 대륙사면, 대륙대, 심해저평원으로 구분된다. 대륙붕은 해안에서 먼 바다 쪽으로 서서히 깊어져 최대 수심이 약 200m에 이른다. 대륙사면은 대륙붕 끝에서 갑자기 경사가 급해지는 부분인데, 대륙사면의 끝은 지역에 따라 수심 1,500m에서 3,500m에 이른다. 대륙사면의 끝은 사면을 따라 흘러내려 온 퇴적물들이 쌓여 기울기가 완만해지는데, 이곳을 '대륙대'라고 부른다. 그리고 대륙대를 지나 깊은 바다에 넓게 펼쳐진 지역을 '심해저평원'이라고 한다.

약 5억 년 전 태백산분지에 있던 바다가 대양을 향해 있었다면, 태백산분지 어딘가에 반드시 대륙사면에서 쌓인 퇴적층이 있어야 했다. 그런데 몇 년을 조사해도 태백산분지에서 대륙사면 퇴적층을 찾을 수 없었다. 대륙사면 퇴적층은 도대체 어디에 있는 걸까?

전기 고생대 태백산분지는 서해처럼 얕은 바다였다!

2007년 3월 초, 오스트레일리아 뉴잉글랜드 대학교의 존 패터슨John Paterson 교수로부터 삼엽충에 관한 논문을 심사해 달라는 이메일을 받았다. 그 논문은 오스트레일리아 중북부에 위치한 보나파르트분지Bonaparte Basin에서 채집된 캄브리아-오르도비스기 삼엽충을 소개하는 연구였다. 논문의 저자는 오스트레일리아 지질조사소에 근무하는 고생물학자 존 셔골드John Shergold 박사와 존 로리John Laurie 박사였다.

오스트레일리아의 삼엽충에 관한 자료는 우리나라 삼엽충 연구에 무척 중요했다. 나는 승낙한다는 회신을 보낸 후, 곧바로 논문 원고를 프린트해 읽기 시작했다. 그런데 원고를 읽어 나가면서 깜짝 놀랐다. 왜냐하면 그 논문에서 보고한 삼엽충 화석 중에 태백산분지의 태백층군에서 산출된 종류가 제법 많았기 때문이다. 특히 주목을 끌었던 삼엽충으로 카올리샤니아*Kaolishania*, 하마샤니아, 트시나니아*Tsinania*, 요시무라스피스 등이 있었다(그림 35). 이 삼엽충들은 태백산분지와 북중국의 산둥성과 랴오닝성에서만 알려졌던 토착성 삼엽충

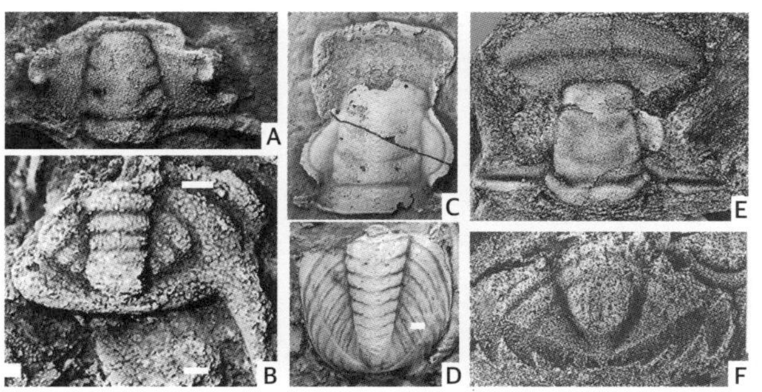

그림 35 캄브리아기 삼엽충.

A&B: *Kaolishania*의 얼굴과 꼬리, C&D: *Hamashania*의 얼굴과 꼬리, E&F: *Yosimuraspis*의 얼굴과 꼬리.

으로, 오스트레일리아에서는 처음 보고되는 종류였다.

이처럼 태백산분지와 북중국에서만 보고된 삼엽충 화석들이 오스트레일리아 북부의 보나파르트분지에서 보고되었다는 사실은 보나파르트분지와 태백산분지가 캄브리아-오르도비스기에 얕은 바다로 연결되어 있었음을 의미한다. 나는 이 자료가 무척 중요하다는 사실을 깨닫고, 논문 원고를 세심하게 읽으며 고쳐야 할 사항을 정리한 다음, 몇 가지 사소한 내용을 수정하면 논문을 발간해도 좋다는 평가서를 첨부해 이메일로 보냈다. 그 논문(Shergold et al., 2007)은 2007년 12월에 발간되었다.

논문 심사 결과를 보낸 뒤, 나는 보나파르트분지 삼엽충 자료의 의미를 곱씹어 보았다. 전기 고생대 때 보나파르트분지와 태백산분지가 얕은 바다로 연결되어 있었다면, 당시 두 지역을 연결한 바다는 대륙붕으로만 이루어진 연해沿海였다는 뜻이었다. 달리 말하면, 전기 고생대 때 태백산분지는 원래 대륙사면이 없는 바다였던 것이다. 내가 태백산분지에서 대륙사면 퇴적암을 만나지 못한 이유였다.

지난 20년 동안 전기 고생대 때 태백산분지가 태평양 같은 바다에 속했다고 생각해 왔다. 왜 태평양 같은 바다만 떠올렸을까? 사람이 어느 한 생각에 집착하면, 그 생각의 굴레에서 벗어나기가 정말 어려운 것 같다. 만약 태백산분지가 오늘날의 서해처럼 얕은 바다였다는 생각을 단 한 번이라도 떠올렸다면, 아마도 문제를 훨씬 빨리 풀었을 것이다.

서해는 대륙의 낮은 곳에 바닷물이 들어와서 만들어진 연해로 평균 수심이 55m이고 가장 깊은 곳도 152m에 불과하다. 약 2만 년 전, 빙하가 북반구의 중위도 지방까지 덮고 있던 '마지막 최대 빙기 Last Glacial Maximum'에 지구의 해수면은 지금보다 약 125m 낮았다. 이는 2만 년 전 서해의 대부분이 뭍으로 드러나 있었음을 의미한다. 이후 기후가 따뜻해지면서 빙하가 녹기 시작했고, 해수면이 꾸준히 상승해 약 8,000년 전 현재와 같은 수준이 되었다. 즉, 서해는 예전에 육지였는데 해수면이 상승하면서 바닷물이 채워져 생겨난 바다라는 이야기이다.

예전에 그렸던 5억 년 전 고지리도(그림 34)에서 태백산분지가 오스트레일리아 대륙 쪽으로 향하도록 중한랜드를 180도 돌려 배열해 보았다. 그랬더니 중한랜드와 오스트레일리아 대륙이 얕은 바다로 연결

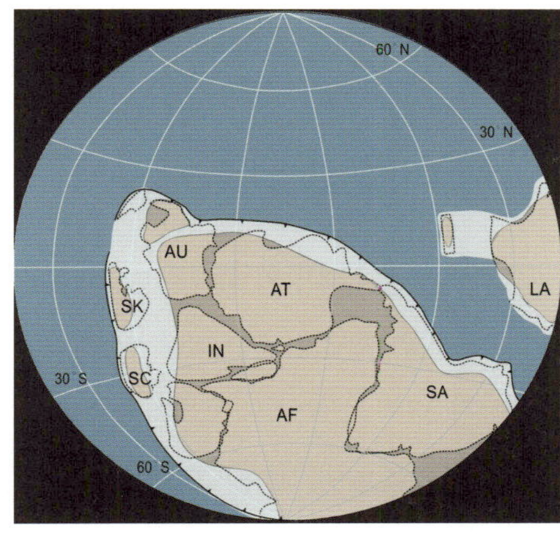

그림 36 5억 년 전 고지리도.
남반구에 위치한 커다란 대륙이 곤드와나 대륙이다.

되어 대륙붕 위에 놓였다. 마치 한반도와 중국을 나누는 서해처럼…….

나는 태백산분지가 서해 같은 바다였다는 생각을 바탕으로 약 5억 년 전 한반도 주변의 고지리도를 수정했다(그림 36). 당시 한반도를 이루는 땅덩어리는 크게 북부지괴, 중부지괴, 남부지괴로 나뉘어 있었다. 고생대 초에 이들은 모두 곤드와나라는 커다란 대륙의 가장자리에 있었으며, 북부지괴와 남부지괴는 중한랜드, 중부지괴는 남중랜드에 속했던 것으로 다루었다(최덕근, 2009). 나는 5억 년 전 고지리도에서 중한랜드(그림 36의 SK)와 남중랜드(그림 36의 SC)를 모두 곤드와나 대륙의 가장자리에 위치시키고, 중한랜드와 오스트레일리아 대륙(그림 36의 AU) 사이에 얕은 바다를 그려 넣었다. 간추리면, 전기 고생대 태백산분지에 있던 바다는 대륙 내 얕은 부분을 채우던 연해였으며, 대륙붕 위에 놓여 있었다.

나는 캄브리아-오르도비스기에 태백 지역이 중한랜드에 가까운 바다로 수심이 얕았으며, 영월 지역은 육지에서 멀리 떨어진 먼 바다로 연해에서 수심이 가장 깊었던 곳으로 추정했다. 특히 태백 지역의 삼엽충 화석군과 북중국의 삼엽충 화석군이 비슷한 것은 두 지역이 연해 내에서 중한랜드 가까이 있던 얕은 바다였기 때문이며, 반면에 영월 지역의 삼엽충들이 전 세계적 분포를 보여 주는 것은 먼 바다의 삼엽충들이 상대적으로 넓은 지역에 걸쳐서 살았기 때문이라고 해석했다. 이처럼 새롭게 그린 캄브리아기 고지리도는 약 5억 년 전 태백산분지의 모습을 더욱 뚜렷하게 보여 주었다.

캄브리아기에 연결되어 있던 태백산과 히말라야산맥

2008년 3월, 미국 캘리포니아 대학교 리버사이드 캠퍼스의 나이절 휴스Nigel Hughes 교수에게서 이메일 한 통을 받았다. 그는 2000년부터 히말라야산맥의 캄브리아기 삼엽충을 연구하고 있었는데, 부탄의 블랙산맥에 분포하는 캄브리아기 지층에서 우리나라 태백 지역에서 보고된 삼엽충과 똑같은 종류(*Kaolishania granulosa*와 *Taipaikia glabra*)를 찾았다는 내용이었다(그림 37).

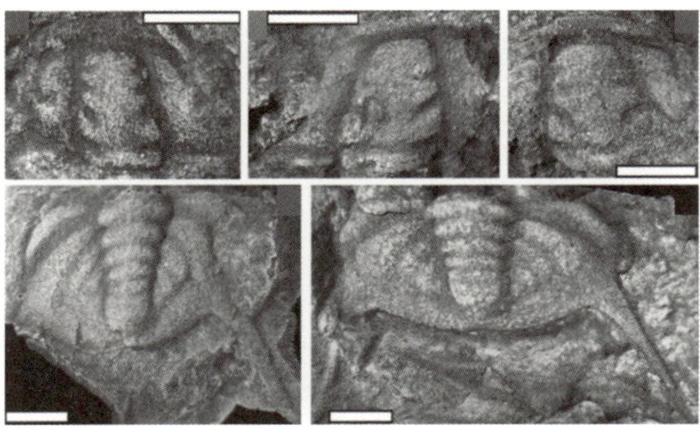

그림 37
부탄 블랙산맥에서 찾은 삼엽충 *Kaolishania granulosa*의 머리와 꼬리

이메일을 읽는 순간 깜짝 놀랐다. 왜냐하면 그 삼엽충들은 그동안 우리나라 태백산분지와 북중국의 산둥성 및 랴오닝성의 캄브리아기 지층에서만 보고된 토착종土着種이었기 때문이다. 이론적으로 같은 종류의 삼엽충들이 살았다면, 이는 캄브리아기에 태백산분지와 부탄의 블랙산맥이 얕은 바다로 연결되어 있었다는 의미이다. 부탄은 우리나라에서 무려 4,000km나 떨어져 있는데, 두 지역에서 같은 종류의 삼엽충이 발견되었다는 사실을 고지리적으로 어떻게 설명해야 할까? 나는 머릿속이 복잡해졌다. 휴스가 화석 동정을 잘못한 것은 아닐까? 5억 년 전에 태백산분지와 부탄이 정말 얕은 바다로 연결되어 있었을까?

며칠 후 휴스에게서 또 다른 이메일이 도착했다. 태백 지역에서 삼엽충 카올리샤니아가 발견된 지층에 들어 있는 지르콘zircon 광물의 연령 분포를 공동으로 연구해 보자는 제안이었다. 그 당시 우리나라에는 지르콘 광물 연령 측정 기기가 없었기 때문에 그 제안을 곧바로 받아들였다.*

21세기에 들어와 지질학 분야에서는 암석에 들어 있는 지르콘 광물의 연령 분포를 분석하는 연구가 전 세계적으로 붐을 일으키고 있다. 지르콘 광물에서 얻을 수 있는 과학적 정보가 많기 때문이다. 지르콘은 화학식이 $ZrSiO_4$이며, 비중이 4.7로 무척 무거운 광물이다.

* 우리나라에 지르콘 연령 측정 기기인 슈림프SHRIMP가 도입된 것은 2010년으로, 현재 한국기초과학지원연구원에 설치되어 있다.

지르콘 광물 속에는 우라늄U 원자가 불순물로 들어 있는 경우가 있는데, 우라늄은 시간이 흐르면 붕괴해 납Pb으로 바뀐다. 따라서 지르콘 광물 속에 들어 있는 우라늄과 납의 비율을 알면, 그 광물(또는 암석)의 생성 시기를 알 수 있다. 게다가 지르콘 광물은 변성작용이나 풍화작용에 강해서 변성암이나 퇴적암 중에도 많이 들어 있다. 특히 퇴적암에 들어 있는 지르콘 광물의 연령 분포를 분석하면, 그 퇴적암을 이루는 알갱이들이 어디서 왔는지 가늠할 수 있기 때문에 과거의 대륙 모습을 복원할 때 좋은 정보를 제공하는 것으로 알려졌다. 그래서 지금은 퇴적암에 들어 있는 지르콘 광물 연령 분포를 분석하는 일이 활발히 이루어지고 있다.

나는 세송층을 연구하던 대학원생 박태윤에게 삼엽충 카올리샤니아가 산출되는 세송층에서 지르콘 광물이 들어 있을 만한 사암砂岩*을 채취해 오도록 했다. 박태윤이 세송층에서 채취한 약 20kg의 암석 표품을 빠른우편으로 휴스에게 발송했는데, 약 1주일 후 표품을 잘 받았다는 이메일이 왔다.

그 후 한동안 세송층을 잊고 지냈다. 그로부터 1년 반이 지난 2009년 9월, 휴스의 박사과정 대학원생 라이언 매켄지Ryan McKenzie로부터 놀라운 이메일을 받았다. 매켄지는 세송층의 지르콘 연령 분포를 분석하는 일을 맡았는데, 그가 분석한 부탄, 중국, 한국 세송층의

* 지르콘은 무거운 광물이어서 모래 알갱이가 너무 큰 사암에서는 발견되지 않는다. 보통 0.1mm 크기의 모래로 이루어진 사암이 분석하기에 가장 좋다.

지르콘 연령 분포 자료를 비교한 결과 태백산분지를 포함하는 중한랜드가 5억 년 전 인도 대륙과 얕은 바다로 연결되어야 한다는 것이었다. 나는 그 결론을 선뜻 받아들이지 못했다. 그동안 내가 생각했던 5억 년 전의 우리나라 땅덩어리와 연결시키기가 어려웠다. 매켄지는 논문 요약을 보내며 그 연구 결과를 2009년 12월 샌프란시스코에서 열리는 미국지구물리학회American Geophysical Union 학술회의에서 발표할 계획이라고 덧붙였다.

그로부터 또 1년이 지난 2010년 9월, 매켄지로부터 더욱 놀라운 이메일을 받았다. 미국지구물리학회 학술회의에서 발표한 논문이 좋은 평가를 받아 저명한 학술지 『네이처 지오사이언스Nature Geoscience』에 투고하려고 한다는 것이었다. 만일 이 논문이 『네이처 지오사이언스』에 실린다면 놀라운 뉴스가 될 것이었다. 나는 그 논문에서 동아시아에서 보고된 후기 캄브리아기(4억 9,700만~4억 8,685만 년 전) 삼엽충의 산출 양상을 분석하는 일을 맡았다.

그리고 10월에 매켄지는 그 논문이 『네이처 지오사이언스』로부터 게재 불가reject 판정을 받았다면서 원래 투고하려고 마음먹었던 『지올로지Geology』에 다시 투고하겠다는 이메일을 보내왔다. 『지올로지』는 지질학 분야의 가장 좋은 학술지 중 하나로, 전 세계적으로 매우 중요한 연구 논문들이 실린다. 매켄지는 2011년 1월 초에 투고한 논문이 『지올로지』 심사를 통과했다는 기쁜 소식을 전해 왔다. 그리고 마침내 논문(McKenzie et al., 2011)이 2011년 8월 잡지에 실렸다.

나는 그 논문의 결과에 대해 다시 곱씹어 보기 시작했다. 우리나

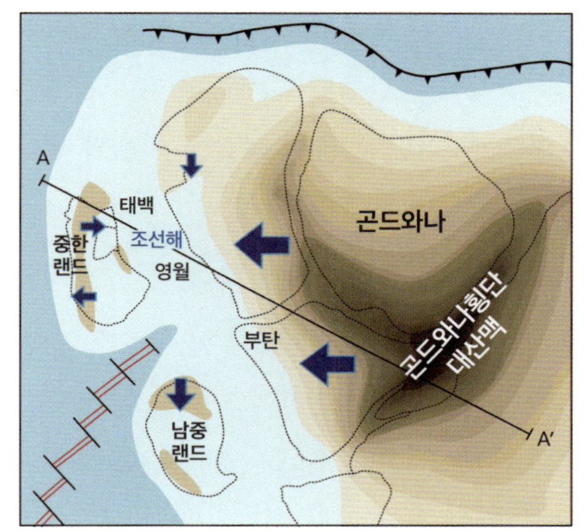

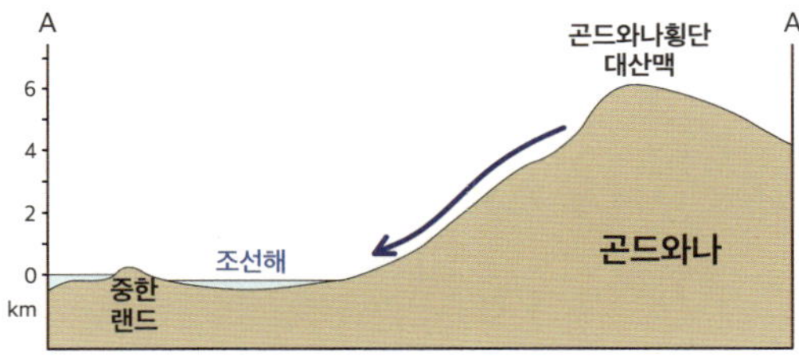

그림 38
약 5억 년 전, 조선해 부근의 고지리도

라 태백산분지와 부탄 블랙산맥의 삼엽충 화석과 지르콘 광물의 연령 분포에 공통점이 있다면, 이 내용을 당시 지구에서 어떻게 표현해야 할까? 방법은 딱 한 가지밖에 없다. 캄브리아기에 우리나라 태백산분지와 부탄 블랙산맥의 퇴적분지가 얕은 바다로 연결되었어야 한다. 나는 2009년에 그린 5억 년 전 고지리도(그림 36)를 약간 수정해 연해의 범위를 히말라야산맥까지 연장해 보았다(그림 38). 부탄과 중국 시안西安의 지르콘 광물 연령 분포 자료가 거의 비슷한 것은 두 지역의 거리가 가까웠기 때문이다. 그리고 네이멍구內蒙古의 자료가 전혀 다른 것은 네이멍구의 암석이 중한랜드 반대편 바다에서 쌓였음을 의미한다. 반면에 태백 지역의 연령 분포 자료는 시안과 네이멍구 지역의 중간 형태를 보여 주는데, 이는 당시 태백산분지가 부탄이나 시안과 바다로 연결되어 있기는 하지만 상당히 멀리 떨어져 있었기 때문이다. 부탄 블랙산맥과 태백산분지 세송층의 지르콘 연령 분포 자료는 내가 예전에 제안했던 태백산분지가 5억 년 전 연해였다는 사실을 지지해 줄 뿐만 아니라, 이 연해의 모습을 더욱 뚜렷하게 그리는 데 도움을 주었다.

나는 5억 년 전의 고지리도에서 중한랜드와 오스트레일리아 사이에 길게 뻗은 연해에 '조선해朝鮮海'라는 이름을 붙였다(그림 38; 최덕근, 2014). '조선해'라고 명명한 이유는 조선누층군이 쌓인 바다라는 점을 강조하기 위함이었다. 중한랜드는 길쭉한 섬으로 곤드와나 대륙 중앙부 쪽으로는 조선해가 있고, 그 반대편(현재 중국의 네이멍구 자치구 동부와 지린성 부근)으로는 넓은 대양이 펼쳐져 있었지만 해구나 화산호는 없었던 것으로 보인다. 당시 중한랜드는 가장 높은 곳도 1,000m를 넘지 않는 나지막한 섬으로 추정했다. 그렇게 생각한 배경에는 조선해에 쌓인 쇄설성 퇴적물 알갱이의 크기가 전반적으로 작았기 때문이다.

사실 조선해에 쌓인 퇴적물이 모두 중한랜드에서만 공급된 것은 아니다. 왜냐하면 그림 38에서 알 수 있듯이 조선해 건너편에 곤드와나 대륙이 버티고 있었고, 곤드와나 대륙 한가운데에 있는 곤드와나

횡단대산맥Transgondwanan Supermountains이라는 거대한 산맥에서 엄청난 양의 퇴적물이 조선해로 쏟아져 들어왔기 때문이다. 당시 곤드와나횡단대산맥은 길이 8,000km, 폭 1,000km가 넘는 산맥으로 오늘날 히말라야산맥보다 규모가 더 컸던 것으로 알려졌다. 현재 서해에 쌓이고 있는 퇴적물 중에 수천 킬로미터 떨어져 있는 히말라야산맥에서 출발해 황허나 양쯔강을 따라 운반되어 온 퇴적물이 많은 것처럼, 5억 년 전에는 곤드와나횡단대산맥에서 쏟아져 내려온 엄청난 양의 퇴적물이 조선해에 쌓였을 것이다.

『지올로지』에 논문 게재가 결정된 후, 2011년 4월 말 KBS-1TV의 9시 뉴스 시간에 '삼엽충이 밝혀냈다'라는 타이틀로 캄브리아기에 태백산과 히말라야산맥이 연결되어 있었다는 내용이 전파를 탔다.

4 부탄 블랙산맥에서 만난 캄브리아기 삼엽충

2022년 5월, KBS 다큐멘터리 제작팀의 이 PD로부터 전화를 받았다. KBS 공영방송 50주년을 맞이해 「히든 어스(Hidden Earth)」라는 프로젝트를 준비하고 있다는 내용이었다. 가칭 「히든 어스」에서는 한반도 땅의 역사를 바탕으로 우리의 자연을 소개할 예정이라고 했다. 그러면서 이 PD는 내가 우리나라의 고생대층을 주로 연구했기 때문에 프로그램에 관한 자문을 구하려 한다고 말했다.

나는 태백산분지의 고생대층을 영상에 담기 위해서 이 PD, 촬영감독과 함께 태백-영월 지역을 여러 차례 답사했다. 이 과정에서 이 PD는 히말라야산맥에 위치한 부탄에서도 태백 지역의 캄브리아기 삼엽충과 같은 종류가 발견되었다는 이야기에 큰 관심을 보였고, 그 내용을 영상에 담기 위해서 삼엽충이 발견된 부탄의 블랙산맥을 방문하는 계획을 세웠다. 히말라야산맥의 한 지맥(支脈)인 블랙산맥은 부탄 중부 지역에서 남북 방향으로 달리는 작은 산맥으로 고도 3,000~4,000m의 산들이 늘어서 있다.

블랙산맥의 화석 산지에서 촬영하고 있는 촬영감독과 그곳에서 찾은 캄브리아기 삼엽충과 완족동물의 화석이 들어 있는 암석 표본.

2022년 11월 4일 인천국제공항을 출발해 방콕을 거쳐 11월 5일 오전 11시 부탄에 도착했다. 부탄에 도착해 블랙산맥이 있는 포브지카밸리(Phobjikha Valley)까지 가는 데 이틀이 걸렸다. 11월 7일 새벽, 해발 3,000m에 있는 포브지카밸리를 출발해 22km 떨어져 있는 4,000m 고지의 약추캠프(Yakchu Camp)까지 걸어가는 데 꼬박 9시간 30분이 걸렸다. 11월 8일 아침, 약추캠프에서 다시 2시간을 올라 화석 산지 부근의 산봉우리에 도착했다. 산봉우리에서 고도계는 4,160m를 가리켰다. 그동안 내가 올라가 본 산 중에서 가장 높았다.

화석 산지에 도착해서 30분이 지났을 무렵, 삼엽충과 완족동물이 들어 있는 암석 표품을 찾을 수 있었다. 우리나라 태백 지역에서 찾았던 캄브리아기 삼엽충과 똑같은 종류의 삼엽충을 히말라야산맥의 한 산꼭대기에서 보는 느낌은 특별했다. 5억 년 전, 우리나라의 태백산 일대와 내가 서 있는 이곳 히말라야의 블랙산맥이 얕은 바다로 연결되어 있었다는 상상과 함께 묘한 감동이 몰려왔다.

2023년 3월 초, 다큐멘터리 「히든 어스」가 KBS-1TV에서 방영되었다.

태백산분지에서 풀어야 할 근본적인 문제는?

캄브리아-오르도비스기에 조선누층군이 쌓였던 조선해의 실체가 뚜렷해지면서 나는 태백산분지에서 고생대에 일어난 지질학적 사건들을 판구조적 관점에서 어떻게 설명할 수 있을지 탐구하기 시작했다.

지체구조적으로 태백산분지는 남부지괴에 속하며, 남동쪽으로 영남육괴, 북서쪽으로 경기육괴, 서남쪽으로 충청분지와 만난다. 태백산분지는 고생대 퇴적암이 모여 있는 지역으로 크게 캄브리아-오르도비스기 지층(조선누층군과 옥녀봉층)과 석탄-페름기 지층(평안누층군)으로 이루어져 있다(그림 7). 조선누층군과 옥녀봉층은 영남육괴의 선캄브리아시대 암석 위에 부정합으로 놓여 있으며, 다시 평안누층군에 의해 부정합으로 덮인다.

조선누층군은 5억 2,000만 년에서 4억 6,000만 년 전에 얕은 바다인 조선해에서 쌓였으며, 옥녀봉층은 약 4억 5,000만 년 전 화산 활동에 의해, 평안누층군은 3억 2,000만 년에서 2억 5,000만 년 전에 연안 환경과 충적 평야에서 쌓인 것으로 알려져 있다. 특이하면서도 흥미로운 사항은 조선누층군과 평안누층군이 평행부정합으로 만난다는 점인데, 이 부정합면은 약 1억 4,000만 년에 해당하는 퇴적 기록이 없음을 알려 준다. 그래서 우리나라 지질학계에서는 이 기간을 '중기 고생대 대결층'이라고 부른다.

지질학은 역사과학이다. 그러므로 지질학자는 어느 지역에 대한 연구를 시작할 때, 그 지역의 암석에 관한 스토리텔링을 머릿속에 그린다. 나는 태백산분지의 암석과 관련된 스토리텔링을 엮기 위해서는 다음과 같은 근본적인 질문에 답할 수 있어야 한다고 생각했다.

첫째, 태백산분지에서 맨 처음 퇴적작용이 시작된 것은 5억 2,000만 년 전인데, 이 퇴적작용이 일어난 원인은 무엇일까? 즉, 해양퇴적층인 조선누층군을 이룬 바다는 어떻게 생겨났을까?

둘째, 태백산분지에서 약 6,000만 년 동안 지속되었던 조선누층군의 퇴적작용이 4억 6,000만 년 전에 어떻게 끝났을까? 즉, 조선누층군이 쌓였던 바다는 어떻게 사라졌을까?

셋째, 태백산분지에서 조선누층군과 평안누층군 사이에는 약 1억 4,000만 년(4억 6,000만 년~3억 2,000만 년 전)에 해당하는 대결층(또는 부정합)이 있다. 대결층大缺層이란 오랜 기간에 걸쳐서 쌓인 퇴적암이 없다는 뜻인데, 이 기간에 태백산분지에서 어떤 일이 일어났을까?

넷째, 태백산분지에서 평안누층군이 쌓인 후기 고생대 퇴적작용이 시작된 것은 석탄기 중반인 3억 2,000만 년 전인데, 이 퇴적작용은 어떻게 시작되었을까?

다섯째, 마지막으로 태백산분지에서 약 7,000만 년 동안 지속된

평안누층군의 퇴적작용이 2억 5,000만 년 전에 끝난 원인은 무엇일까?

암석이 풍화되면 풍화의 산물인 자갈, 모래, 진흙은 지형적으로 낮은 곳으로 운반되어 쌓인다. 예를 들면 산기슭이나 강, 호수, 바다 등이다. 대부분의 풍화 산물은 마지막에 바다에 쌓인다. 우리는 바다가 항상 그 자리에 있었고, 앞으로도 영원히 그 자리에 있을 것으로 생각한다. 하지만 바다도 오랜 시간이 흐르면 언젠가 사라진다. 요컨대 바다에도 생生과 사死가 있다. 그러면 바다는 어떻게 태어날까? 첫 번째 질문인 5억 2,000만 년 전 태백산분지에 형성된 바다의 탄생 과정을 알아보기에 앞서, 우리가 살고 있는 한반도 주변의 바다를 예로 들어 바다가 어떻게 생겨나는지 생각해 보자.

한반도는 3면이 바다로 둘러싸여 있다. 그런데 동해와 남해, 서해는 지형적 특성이 다르다. 동해는 평균 수심이 1,530m이고, 가장 깊은 곳은 3,760m에 이른다. 남해는 한반도 남쪽에 있는 얕은 바다로 남쪽으로 갈수록 점점 깊어져 제주도 부근에서는 수심이 100m를 넘어 오키나와 해분海盆에 이른다. 서해는 한반도와 중국 사이에 있는 얕은 바다로 평균 수심이 55m이며, 가장 깊은 곳도 152m에 불과하다.

대부분의 사람은 아마도 한반도가 오래전부터 3면이 바다로 둘러싸여 있었다고 생각하겠지만, 사실 한반도가 현재와 같은 반도半島의 모습을 갖춘 것은 동해가 바다로 태어난 약 2,300만 년 전이다. 약 3,000만 년 전 일본 열도가 아시아 대륙에서 떨어져 나간 자리에 생겨난 깊은 골짜기에 물이 채워지면서 처음에는 커다란 호수가 생겨났다. 이처럼 땅이 갈라져 생겨난 깊은 골짜기를 열곡대裂谷帶라고 하는데, 이 열곡대가 점점 넓어지면서 바닷물이 들어와 약 2,300만 년 전 바다로 태어났다. 이후 1,000만 년 남짓 더 확장되다가 1,200만 년 전부터 수축 단계에 접어든 것으로 알려졌다. 따라서 앞으로 언젠가 동해는 바다로서 일생을 마칠 것이다.

동해와 달리 서해는 열곡대가 열려 생겨난 바다가 아니다. 그리고 수심이 얕아서 가장 깊은 곳도 150m에 불과하다. 약 2만 년 전, 빙하가 북반구 중위도 지방까지 덮고 있던 '마지막 최대 빙기'에 지구의 해수면은 지금보다 약 125m 낮았다. 그러므로 2만 년 전 서해와 남해의 대부분은 뭍으로 드러나 있었다. 이후 기후가 따뜻해지면서 빙하가 녹기 시작한 결과 해수면이 꾸준히 상승해 약 8,000년 전 현재 수준에 이르렀다. 즉, 서해와 남해는 해수면이 상승하면서 대륙 내 낮은 지역에 바닷물이 들어와서 생겨난 바다이다.

정리하자면, 바다는 새롭게 형성된 열곡대의 골짜기를 따라 바닷물이 들어오거나, 해수면이 상승해 지형적으로 낮은 부분에 바닷물이 채워져 태어난다고 할 수 있다. 열곡대 형성으로 생겨난 바다 중에서 가장 젊은 예로 홍해를 들 수 있다. 홍해Red Sea는 약 3,000만 년 전 아라비아판이 아프리카판에서 떨어져 나가는 과정에서 생겨난 길쭉한 열곡대를 따라 약 300만 년 전 바닷물이 들어와서 생겨났다. 홍해 남쪽으로 길게 뻗어 있는 동아프리카 열곡대도 앞으로 더욱 벌어지면 언젠가 바닷물이 들어와 바다로 탄생할 것이다.

동해도 약 3,000만 년 전에 생겨난 열곡대에 약 2,300만 년 전 바닷물이 들어와서 생겨난 젊은 바다이다. 그런데 열곡대 형성은 땅(대륙 지각)이 갈라지는 움직임이기 때문에 항상 화산 활동을 수반한다. 따라서 열곡대가 열리면서 생겨난 바다에서 가장 먼저 쌓이는 퇴적층에는 반드시 화산암과 화산퇴적암이 들어 있기 마련이다. 반면에 바닷물이 대륙의 낮은 부분을 채우는 방식으로 생겨난 바다에서는 화산 활동이 일어나지 않기 때문에 가장 먼저 쌓인 퇴적층에 화산암이나 화산퇴적암이 없다.

그러면 약 5억 2,000만 년 전 태백산분지의 조선누층군을 쌓았던 바다는 어떻게 탄생했을까?

5억 2,000만 년 전 조선해 탄생

10년 남짓한 삼엽충 연구에 의해 태백산분지의 조선누층군은 5억 2,000만 년에서 4억 6,000만 년 전에 바다에서 쌓였다는 사실이 밝혀졌다. 조선누층군에 삼엽충을 비롯해 바다에서 살았던 다양한 생물의 화석이 들어 있음은 5억 2,000만 년 전에 바다가 생겨났다는 뜻이다. 그렇다면 이 바다는 어떻게 태어났을까?

이 질문에 답하기 위해서는 캄브리아-오르도비스기에 쌓인 조선누층군의 퇴적물 특성을 알아야 한다. 5억 2,000만 년 전, 태백산분지에서 가장 먼저 쇄설성 퇴적물이 쌓이기 시작했다. 그런데 지역에 따라 퇴적물의 특성이 약간씩 달라 태백층군의 장산층/면산층은 굵은 자갈과 모래, 영월층군의 삼방산층과 문경층군의 구랑리층은 가는 모래가 쌓여 만들어졌다. 여기서 중요한 사실은 이들 퇴적층 내에는 화산암이나 화산퇴적암이 없다는 점이다. 이 자료는 5억 2,000만 년 전에 태어난 태백산분지의 바다가 열곡대가 열려서 생겨난 것이 아님을 알려 준다.

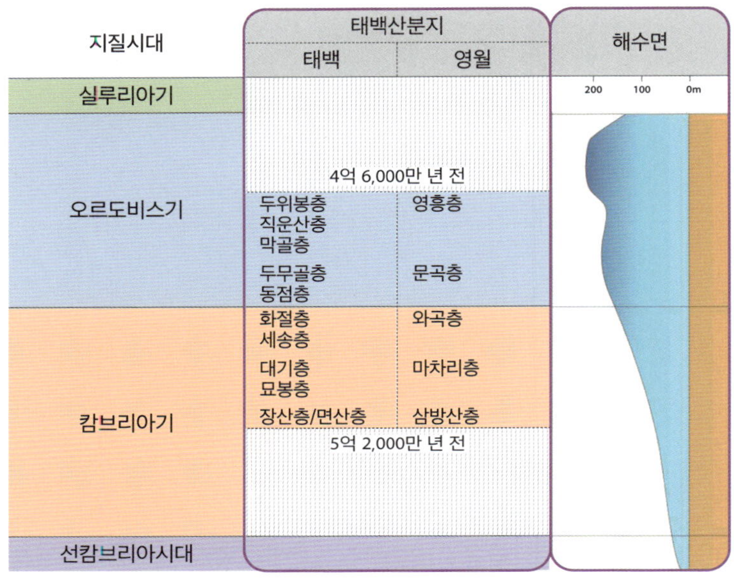

그림 39 조선누층군의 층서와 캄브리아-오르도비스기의 해수면 변동곡선

앞에서 설명한 것처럼, 열곡대가 형성되지 않고 바다가 생겨나는 것은 서해처럼 해수면 상승에 의해 지형적으로 낮은 부분에 바닷물이 들어오는 경우이다. 그런데 전기 고생대의 해수면 변동곡선(그림 39)을 보면, 캄브리아-오르도비스기에 전 지구적으로 해수면이 꾸준히 상승했음을 알 수 있다. 캄브리아-오르도비스기에 일어난 전 지구적 해수면 상승은 신원생대에 하나의 대륙을 이루었던 로디니아Rodinia 초대륙이 여러 개의 작은 대륙으로 나뉘었던 판구조 운동과 관련이 있다. 해수면은 지구상 대륙이 하나의 초대륙을 이루고 있을 때보다 여러 개의 작은 대륙으로 나뉘어 있을 때 더 높다. 왜냐하면 여

러 개의 대륙으로 나뉘어 있을 경우, 대륙의 가장자리를 따라 수심이 얕은 대륙붕이 펼쳐지면서 얕은 바다의 면적이 늘어나기 때문이다.

고생대 초(약 5억 3,880만 년 전) 지구상에는 4개의 대륙이 있었던 것으로 알려졌다. 그중 무척 큰 곤드와나 대륙과, 상대적으로 작은 로렌시아Laurentia, 시베리아Siberia, 발티카Baltica 대륙이 있었다. 곤드와나 대륙은 현재의 시베리아와 북유럽을 제외한 유라시아 대륙과 남반구의 모든 대륙(남아메리카, 아프리카, 오스트레일리아, 남극 대륙)을 아우르는 거대한 대륙이었다. 로렌시아는 현재 북아메리카 대륙 대부분과 아일랜드 북부, 스코틀랜드를 포함한다. 발티카는 스칸디나비아반도와 북유럽, 시베리아는 우랄산맥 동부의 시베리아와 카자흐스탄 지역을 포함한다. 이 시기에는 대륙들이 대부분 남반구에 몰려 있었다.

고생대 초에 전 지구적 해수면 상승으로 생겨난 바다에서의 퇴적작용이 세계 곳곳에서 일어났다. 해수면 상승에 발맞추어 약 5억 2,000만 년 전 새롭게 탄생한 바다에서 맨 처음 쌓인 지층 중 유명한 것으로 미국 서부 그랜드 캐니언의 골짜기 바닥에 있는 타피츠 사암층Tapeats Sandstone을 들 수 있다. 우리나라의 태백산분지에서 맨 처음 쌓인 장산층/면산층과 삼방산층(그림 39 참조)도 거의 같은 시기에 쌓였다.

나는 태백산분지의 캄브리아기 바다가 해수면 상승에 의해 곤드와나 대륙 가장자리의 지형적으로 낮은 부분에 바닷물이 들어와서 생겨났다는 생각을 바탕으로 약 5억 년 전 고지리도를 그렸다(그림 40). 이때 중한랜드와 남중랜드는 모두 곤드와나 대륙의 가장자리에 위치

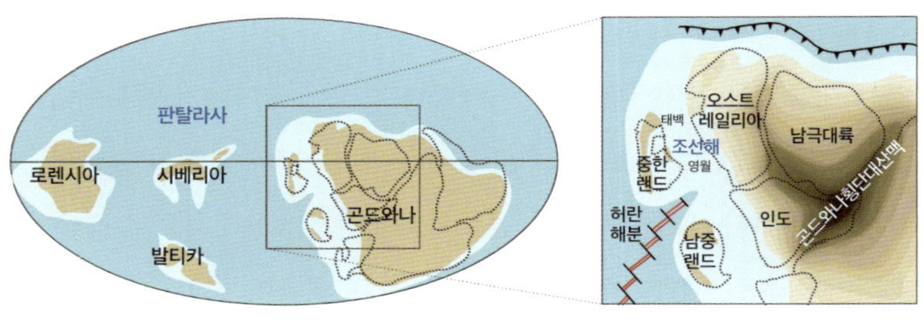

그림 40 5억 년 전 무렵의 고지리도

해 있었고, 중한랜드와 곤드와나 대륙 중심부 사이에서 태어난 얕은 바다가 '조선해'이다.

5억 2,000만 년 전 조선해에 퇴적물이 쌓이기 시작할 때 태백 지역은 중한랜드에 가까이, 영월 지역은 육지에서 멀리 떨어진 바다 한가운데에 있었던 것으로 추정했다. 그림 40의 고지리도에서 태백과 영월은 1,000km 이상 떨어진 것으로 그렸는데, 그 이유는 태백층군과 영월층군의 층서가 다르고(그림 39), 아울러 두 지역의 캄브리아기 삼엽충 화석군집이 뚜렷이 달랐기 때문이다.

한편, 중한랜드가 조선해를 사이에 두고 오스트레일리아 대륙과 마주 보는 근거는 앞에서 자세히 설명한 것처럼 태백산분지와 오스트레일리아 북부의 보나파르트분지에서 같은 종류의 캄브리아-오르도비스기 토착성 삼엽충(그림 35)들이 산출되었기 때문이다(Shergold et al., 2007). 이처럼 캄브리아-오르도비스기에 태백산분지와 오스트레일리아 북부 지역에서 같은 종류의 삼엽충들이 살았다는 사실은 두 지역이 얕은 바다(대륙붕)로 연결되어 있었음을 말해 준다.

앞에서 소개한 것처럼 2011년에는 히말라야산맥의 동부에 위치한 부탄에서 3종의 캄브리아기 삼엽충이 보고되었는데(Hughes et al., 2011), 놀랍게도 부탄의 삼엽충들은 모두 우리나라 태백 지역에서 보고된 삼엽충과 같은 종류였다. 이는 5억 년 전에 부탄 지역도 태백산분지와 대륙붕으로 연결되어 있었다는 뜻이다. 그래서 이 자료를 반영해 중한랜드를 오스트레일리아 대륙뿐만 아니라 인도 대륙과도 지리적으로 가깝게 그렸다(그림 40).

캄브리아-오르도비스기에 중한랜드는 길쭉한 섬의 형태로 곤드와나 대륙 중앙부 쪽으로 조선해가 있었고, 그 반대편(현재 중국 네이멍구 자치구와 지린성 부근)으로 넓은 판탈라사Panthalassa해가 펼쳐져 있었다. 당시 중한랜드의 고도는 가장 높은 곳이 1,000m를 넘지 않았을 것으로 추정했다. 조선해에 쌓인 퇴적물 알갱이의 굵기가 전반적으로 작았기 때문이다. 일반적으로 퇴적물 알갱이는 땅덩어리의 고도가 높으면 굵어지고 낮으면 가늘어진다.

앞에서 설명한 것처럼 조선해에 쌓인 퇴적물이 중한랜드보다 곤드와나 대륙 중앙부에서 더 많이 공급되었음을 알 수 있다. 조선해 건너편에 있던 곤드와나 대륙 한가운데에 거대한 곤드와나횡단대산맥이 솟아 있어 엄청 많은 양의 퇴적물이 조선해로 쏟아져 들어왔기 때문이다(그림 38 참조). 이처럼 5억 2,000만 년 전 전 지구적 해수면 상승에 의해 탄생한 조선해에서는 약 6,000만 년에 걸쳐 퇴적작용이 일어났다.

조선해에서의 퇴적작용

고생대 초 태백산분지는 곤드와나 대륙 가장자리에 있던 조선해의 한 부분으로 태백 지역은 중한랜드에 가까이 있었고, 영월 지역은 조선해 한가운데에 있는 비교적 깊은 바다였다(그림 40). 지금 태백과 영월은 불과 50km밖에 떨어져 있지 않지만, 고생대 초에는 조선해 내에서 1,000km 이상 떨어진 거리에 있었다. 그렇게 추정하는 이유는 태백층군과 영월층군의 층서가 다르고, 두 지역의 캄브리아기 삼엽충 화석군집의 내용이 뚜렷이 다르기 때문이다.

그림 41에 태백층군과 영월층군의 층서와 퇴적 환경을 정리했다. 그런데 같은 기간에 쌓였음에도 태백층군은 10개 층, 영월층군은 5개 층으로 나뉘어 있다. 태백층군이 10개의 층으로 나뉜 것은 그만큼 퇴적 환경이 자주 바뀌었음을 반영하는데, 퇴적 환경은 퇴적물이 공급되는 근원지에서 가까울수록 더 자주 바뀐다. 반면에 육지에서 멀리 떨어진 영월 지역은 깊은 바다여서 상대적으로 퇴적 환경의 변화가 더뎠다(Choi, 2019a).

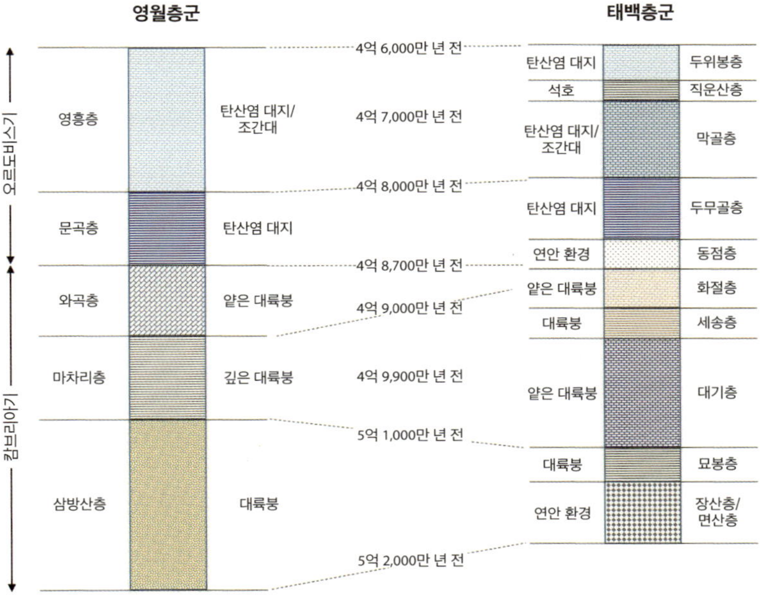

영월층군

태백층군

오르도비스기

캄브리아기

영월층군	퇴적 환경	시대
		4억 6,000만 년 전
영흥층	탄산염 대지/조간대	4억 7,000만 년 전
		4억 8,000만 년 전
문곡층	탄산염 대지	
		4억 8,700만 년 전
와곡층	얕은 대륙붕	4억 9,000만 년 전
마차리층	깊은 대륙붕	4억 9,900만 년 전
		5억 1,000만 년 전
삼방산층	대륙붕	
		5억 2,000만 년 전

퇴적 환경	태백층군
탄산염 대지	두위봉층
석호	직운산층
탄산염 대지/조간대	막골층
탄산염 대지	두무골층
연안 환경	동점층
얕은 대륙붕	화절층
대륙붕	세송층
얕은 대륙붕	대기층
대륙붕	묘봉층
연안 환경	장산층/면산층

그림 41 태백층군과 영월층군의 층서와 퇴적 환경 비교

아마도 태백과 영월 사이에는 중간 양상을 보여 주는 퇴적층(예를 들면, 6~9개의 층으로 이루어진 층군)들이 있었을 것이다. 그런데 이 퇴적층들이 나중(약 2억 5,000만 년 전)에 중한랜드와 남중랜드가 충돌하는 과정에서 모두 높이 솟아오른 후 침식되어 없어진 것으로 보인다.

이와 관련해 영월층군의 마차리층에 주목해 보자. 나는 마차리층이 조선해의 가장 깊은 곳에서 쌓인 것으로 생각했다. 그 근거는 마차리층의 암석이 대부분 검은색 셰일이고, 엽층리가 잘 보이며(그림 33 참조), 마차리층에서 산출된 삼엽충 화석들이 대부분 전 세계적 분포를 보여 주기 때문이다.

암석의 색이 검은 것은 퇴적물이 쌓일 때 수심이 깊고 물속에 녹아 있는 산소량이 적었음을 의미한다. 산소량이 적었기 때문에 퇴적물 속에 들어 있던 유기물들이 산화되지 않았고, 이들이 나중에 지하 깊은 곳에 매몰되었을 때 탄화되어 암석이 검은색을 띠게 되었다. 검은색 셰일에서 엽층리가 뚜렷한 것은 산소가 적은 깊은 바다에는 생물이 드물어 퇴적물의 층리를 흩트리지 않았기 때문이다.

그러면 생물이 드물었음에도 마차리층에서 삼엽충 화석이 많이 발견되는 이유는 무엇일까? 마차리층에서 보고된 삼엽충의 대부분(85% 이상)이 물속을 떠돌며 살았다. 이런 삼엽충들이 죽은 뒤 그 유해가 바다 바닥에 가라앉았을 것이다. 당시 영월 지역은 수심이 깊어서 파도의 영향을 거의 받지 않았고, 바닥에 가라앉은 유해가 흐트러지거나 부서지지 않아 마차리층의 삼엽충 화석 중에 온전하게 보존된 표본이 많았던 것이다. 이와 달리, 같은 시기 수심이 얕은 태백 지역(대기층과 세송층)에 살던 삼엽충들은 죽은 후 파도의 작용으로 부스러져 온전하게 보존된 화석이 드물다.

고생대에 접어들면서 전 지구적 해수면 상승에 의해 조선해가 탄생한 것은 5억 2,000만 년 전이다. 중한랜드 주변의 조선해에 맨 처음에는 자갈과 모래(장산층)만 있었으나 점차 진흙(묘봉층)이 쌓였고, 곳에 따라 바다로 직접 들어가는 소규모 충적선상지(면산층)도 있었다. 장산층과 면산층의 지르콘 광물 연령 분포를 보면 모두 18억 살보다 더 오래된 알갱이로 이루어져 있다. 이 자료는 장산층과 면산층의 퇴적물이 모두 중한랜드에서 공급되었음을 알려 준다. 왜냐하면 중한랜드의 바탕(영남육괴 포함)을 이루는 암석의 나이가 모두 18억 살 이상이기 때문이다.

한편 같은 시기 중한랜드에서 멀리 떨어져 있던 영월 지역에는 가는 모래로 이루어진 삼방산층이 쌓이고 있었다. 가는 모래로 이루어진 삼방산층의 지르콘 연령 분포 자료에는 18억 년 이전의 알갱이뿐만 아니라 18억 살에서 5억 살 사이 알갱이도 많이 들어 있다. 이 자료는 삼방산층의 퇴적물 중에는 중한랜드뿐만 아니라 조선해 건너편에 있던 곤드와나 대륙 중앙부의 곤드와나횡단대산맥에서 공급된 알갱이가 많았음을 의미한다(그림 38 참조).

태백과 영월 지역의 퇴적 환경과 삼엽충의 내용이 뚜렷한 차이를 보이기 시작한 것은 5억 1,000만 년 전이다. 이 무렵 해수면의 꾸준한 상승에 의해 조선해의 수심이 깊어졌는데, 육지에서 가까운 태백 지역에는 대부분 석회암(대기층)이 쌓였지만, 먼 바다인 영월 지역에는 주로 검은색 셰일(마차리층 하부)이 쌓였다(그림 41). 태백 지역의 대기층은 파도의 영향을 많이 받은 얕은 바다에서 쌓인 반면에, 영월 지역의 마차리층은 수심이 깊어 파도의 영향이 거의 없고 물속에 녹아 있는 산소가 적은 환경에서 쌓였다. 이 시기의 마차리층, 셰일층 구간에서 찾은 삼엽충 화석 자료는 두께 3m의 지층이 쌓이는 데 무려 700만 년이 걸렸음을 보여 주었다. 이는 지층 1m가 쌓이는 데 200만 년 넘게 걸린 것이니, 당시 조선해로 들어오는 퇴적물의 양이 무척 적었음을 의미한다. 이때는 조선해의 수심이 가장 깊은 시기였다.

약 4억 9,900만 년 전에 조선해로 들어오는 모래와 진흙 퇴적물이 늘어나면서 주로 사암과 셰일로 이루어진 퇴적층(태백 지역 세송층과 영월 지격 마차리층 중부)이 쌓였다. 4억 9,200만 년 전, 태백 지역에는 다시 석회질로 이루어진 퇴적물(화절층)이 쌓였고, 영월 지역에도 석회질 퇴적물이 빠르게 쌓이면서(마차리층 상부) 조선해의 수심이 전반적으로 얕아졌다. 그런데 캄브리아기에 쌓인 태백 지역 대기층, 세송층, 화절층의 삼엽충 화석군은 전형적인 중한랜드의 특성을 보인 반면, 같은 시기 영월 지역 마차리층의 삼엽충 화석군은 전 지구적 분포 특성을 나타내 두 지역이 환경적으로 뚜렷이 달랐음을 알 수 있다. 즉, 태백 지역은 육지에 가까운 얕은 바다였고, 영월 지역은 먼 바다에 위치하 상대적으로 깊었다.

약 4억 9,000만 년 전 영월 지역에 석회질 퇴적물(와곡층)이 무척 빠르게 쌓이면서(1m 쌓이는 데 약 1만 년) 조선해는 전반적으로 수심이 얕은(100m 미만) 바다가 되었다. 이 기간에 태백 지역에서는 주로 모래로 이루어진 동점층이 쌓였는데, 이는 태백 지역이 육지에 가까운 연안 환경이어서 파도와 조류의 영향을 많이 받았기 때문이다. 영월 지역의 수심이 얕아지면서 태백과 영월 지역 모두 토착성이 뚜렷한 삼엽충이 살기 시작했는데, 이 삼엽충들은 모두 중한랜드의 전형적인 특성을 보여 주었다.

오르도비스기에 접어들면서(4억 8,685만 년 전) 태백 지역에는 연안 환경이 지속되어 주로 모래로 이루어진 퇴적물(동점층)이 쌓였지만, 먼 바다였던 영월 지역에는 석회질 퇴적물(문곡층)이 쌓였다(그림 41). 4억 8,000만 년 전, 전반적으로 평탄해진 조선해에 주로 석회질 퇴적물이 쌓여 태백과 영월 지역의 암석(태백층군의 두무골층과 영월층군의 문곡층 상부)과 삼엽충 군집이 비슷해졌다. 이후 조선해에 건조한 기후의 조간대 환경이 넓게 조성되었는데, 태백 지역에는 막골층이, 영월 지역에는 영흥층이 쌓였다(그림 41). 막골층과 영흥층에서 흔히 관찰되는 퇴적 구조(스트로마톨라이트, 건열, 새눈 구조)와 증발 광물(소금과 석고)의 흔적을 통해 당시 조선해의 염도가 상당히 높았음을 알 수 있다. 소금 결정의 경우, 큰 것은 한 변의 길이가 1cm를 넘는 것도 관찰되었다.

4억 7,000만 년 전, 조선해의 수심이 약간 깊어지면서 조간대 환경이 물러나고, 태백 지역에는 석호 환경(직운산층)이, 영월 지역에는 얕은 바다 환경(영흥층 중부)이 조성되었다. 대부분 암회색 셰일로 이루어진 직운산층은 산소량이 적은 석호潟湖에서 쌓였지만, 부분적으로 보존 상태가 좋은 삼엽충 화석이 많은 구간이 있는 것으로 보아 이 석호는 이따금 바다와 연결되었던 것으로 짐작된다. 그 후 태백산분지는 다시 얕고 평탄한 바다를 이루었으며, 주로 석회질 퇴적물(태백 지역 두위봉층과 영월 지역 영흥층 상부)이 쌓였다.

전기 고생대에 거의 6,000만 년 동안 지속되던 퇴적작용이 약 4억 6,000만 년 전에 끝나, 조선해는 바다로서의 일생을 끝마쳤다. 그렇다면 조선해는 어떻게 사라졌을까?

조선해의 소멸과 곤드와나 대륙에서 떨어져 나온 중한랜드

5억 2,000만 년에서 4억 6,000만 년 전까지 약 6,000만 년에 걸쳐 퇴적층이 쌓였던 조선해에서 퇴적작용이 멈춘 것은 조선해가 바다로서 생을 마감했기 때문이다. 앞에서 5억 2,000만 년 전 조선해가 바다로 탄생한 것은 전 지구적 해수면 상승 때문이라고 했으니, 조선해가 사라진 것은 해수면이 하강했기 때문이라고 생각할 수 있다. 그런데 오르도비스기의 해수면 변동곡선을 보면(그림 39), 약 4억 6,000만 년 전에는 전 지구적으로 해수면이 무척 높았다. 해수면이 높았음에도 불구하고 조선해가 사라졌다면, 이는 해수면 상승 속도보다 더 빠르게 조선해의 바닥이 솟아올랐음을 의미한다. 그러면 조선해는 어떻게 솟아올랐을까?

판구조론에 의하면 땅덩어리가 솟아오르는 곳은 발산 경계인 해령海嶺과 열곡대 주변, 그리고 수렴 경계인 조산대造山帶 지역이다. 일반적으로 조산대의 경우는 판과 판이 충돌하면서 두 판의 경계부에 있던 암석들이 복잡하게 변형되기 때문에 충돌 이전의 지층 위에 놓

그림 42 중국 중서부 오르도스분지와 허란해분의 개략적 위치

이는 젊은 지층과 반드시 경사부정합으로 만난다. 그런데 태백산분지에서 관찰되는 조선누층군과 바로 위에 놓이는 평안누층군은 평행부정합이다. 이는 평안누층군이 쌓이기 전에 조선누층군이 조산운동을 전혀 받지 않았음을 의미한다. 즉, 조선해가 사라진 것은 조산대 형성과 관련이 없다. 그렇다면 약 4억 6,000만 년 전 조선해가 사라진 것은 중한랜드 주변 어딘가에 해령 또는 열곡대가 생겨났기 때문일 것이다.

해령 또는 열곡대는 발산 경계로 판이 갈라지는 곳이므로 반드시 화산 활동을 수반한다. 그러므로 해령 또는 열곡대의 증거로 중한랜드 내에 약 4억 6,000만 년 전에 분출한 화산암이 있어야 한다. 그래서 나는 한동안 조선누층군 최상부 구간에서 화산암층을 찾아다녔으나, 태백산분지 어디서도 화산암을 찾을 수 없었다. 그런데 중국학자들의 연구에 의하면 중한랜드의 서쪽 가장자리에 있는 오르도스

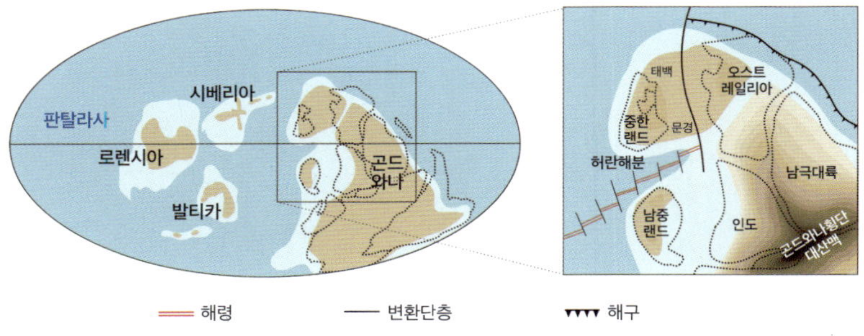

그림 43 후기 오르도비스기(약 4억 5,000만 년 전)의 고지리도

Ordos분지의 서쪽 끝자락에 중기-후기 오르도비스기 화산암이 분포했다. 중국에서는 그 지역을 허란해분贺兰海盆이라고 불렀다(그림 42).

나는 허란해분 내에 있던 해령의 활동에 의해 조선해가 융기했다는 가정을 바탕으로 후기 오르도비스기에 중한랜드와 오스트레일리아 대륙이 육지로 이어져 있고, 남중랜드와 허란해분을 사이에 두고 떨어져 있는 고지리도를 그렸다(그림 43). 그리고 후기 오르도비스기에 접어들어 허란해분의 해령이 곤드와나 대륙 안쪽을 파고들면서 곤드와나 대륙의 가장자리가 솟아올랐고, 그 결과 얕은 바다였던 조선해가 뭍으로 드러났다고 설명했다.

2012년 10월 대한지질학회 학술발표회에서 나는 이 내용을 바탕으로 「태백산분지의 진화」라는 논문을 발표했다. 마지막 부분에서 태백산분지에 오르도비스기 화산암이 없는 이유는 허란해분에서 화산 활동이 비교적 조용히 이루어져 멀리 떨어진 태백산분지까지는 영향을 미치지 못했기 때문이라고 말했다. 그런데 발표 후 휴식시간에 한국지질자원연구원의 기원서 박사가 다가오더니 "선생님, 문경 지역에서 후기 오르도비스기 화산암이 보고되었어요."라고 말했다. 그때까지 한 번도 들어 본 적이 없어 깜짝 놀랐다. 기원서의 이야기에 의하면, 한국지질자원연구원의 조등룡 박사가 문경 지역 옥녀봉층의 화산암에 들어 있는 지르콘 광물의 연령을 측정해 후기 오르도비스기에 분출했다는 연구 결과를 얻은 것이었다. 나는 곧바로 그 자료가 무척 중요하다는 사실을 알아챘다.

그 연구 결과(조등룡 외, 2009)는 2009년에 한국암석학회 학술발표회에서 발표되었기 때문에 널리 알려지지 않았던 것이다. 나는 논문을 발표한 조등룡에게 옥녀봉층에 관한 논문이 발간되었는지 물었다. 조등룡은 논문을 작성 중이라고 말했다.

그로부터 1년이 지난 2013년 11월 중순 한국암석학회에서 문경 지역 옥녀봉층을 대상으로 야외 학술 답사를 시행한다는 소식을 전해 들었다. 나는 오전 수업을 마치자마자 곧바로 차를 몰고 문경으로 향했다. 옥녀봉층의 학술 답사는 조등룡의 주도로 이루어졌다. 문경 석탄박물관 부근에 드러난 옥녀봉층은 거의 변성을 받지 않았고, 겉보기에는 마치 중생대 퇴적층 같았다. 실제로 옥녀봉층이 후기 쥐라기에서 전기 백악기에 퇴적되었다는 연구 논문이 2003년에 발간되었다(Chang et al., 2003). 나는 답사 도중에 조등룡에게 논문의 진척 상황을 재차 물었는데, 아직 논문이 완성되지 않았다는 답변이 돌아왔다.

학술 답사에서 돌아와 1주일이 지났을 즈음, 조등룡에게 전화를 걸어 옥녀봉층에 대한 생각을 이야기했고 논문을 공동 집필하자고 제안했다. 조등룡은 내 제안을 흔쾌히 받아들여 우리는 곧바로 논문 작성에 돌입했다. 조등룡은 제1저자이고 나는 교신저자였는데, 조등룡은 지질과 암석학적 서술 그리고 연령 측정 부분을 맡고, 나는 그 자료를 바탕으로 판구조적·고지리적 해석을 담당했다.

나는 이 논문이 중한랜드가 곤드와나 대륙에서 떨어져 나간 시점을 알려 준다는 점에서 판구조적으로 무척 중요하다고 생각해 지질학 분야의 저명 학술지인 『지올로지』에 투고하기로 마음먹었다. 논문 작성은 빠르게 진행되어 2014년 3월에 원고를 『지올로지』에 보냈다. 그런데 얼마 후 논문이 동아시아 지역 내용을 다루기 때문에 지역 학술지에 투고하는 것이 좋겠다는 평가와 함께 게재 거부 회신이 돌아왔다. 그 회신에 실망했지만 곧바로 원고를 수정해 4월 중순 『아시아지구과학저널*Journal of Asian Earth Sciences*』에 보냈다. 논문(Cho et al., 2014)은 좋은 평가를 받고 2014년 9월 학술지에 실렸다.

이 논문의 요점을 소개하면 다음과 같다. 문경 지역 옥녀봉층 화산암 시료 2개에서 측정된 지르콘 광물의 절대연령은 각각 4억 5,200만 년 전과 4억 4,500만 년 전이었다. 옥녀봉층은 태백산분지의 하부 고생대층에서 알려진 유일한 화산암이므로 이 자료는 문경 지역이 그 당시 허란해분에 가까이 있었음을 의미한다(그림 43). 그리고 영월이나 태백 지역에 화산암이 없는 이유는 두 지역이 허란해분에서 멀리 떨어져 있었기 때문이다. 아울러 이 자료는 허란해분의 해령이 조선해 쪽으로 확장되지 않았음을 알려 주었다. 그래서 우리는 수

직으로 배열된 변환단층들이 조선해를 가로지르면서 바닥이 융기해 조선해가 바다로서 일생을 마친 것으로 해석했다. 발산 경계인 해령을 중심으로 양쪽에 있는 판들이 서로 반대 방향으로 이동해 옥녀봉층 화산암의 젊은 연령은 중한랜드가 곤드와나 대륙에서 떨어져 나간 시점이 4억 4,500만 년 전 이후였음을 알려 준다. 그래서 오르도비스기가 끝날 무렵(4억 4,300만 년 전) 중한랜드가 곤드와나 대륙에서 분리되어 완전히 떨어져 나왔다고 결론지었다.

중기 고생대에 홀로 떠돌던 중한랜드

오르도비스기 말(4억 4,300만 년 전) 곤드와나 대륙에서 떨어져 나온 중한랜드는 어떻게 되었을까? 시간이 흐르면서 해령에서 새로운 해양판이 계속 생성됨에 따라 중한랜드는 곤드와나 대륙에서 점점 멀어졌다. 그 결과, 작은 대륙이었던 중한랜드는 중기 고생대(실루리아-데본기)에 대양 위를 홀로 떠돌고 있었을 것이다(그림 44).

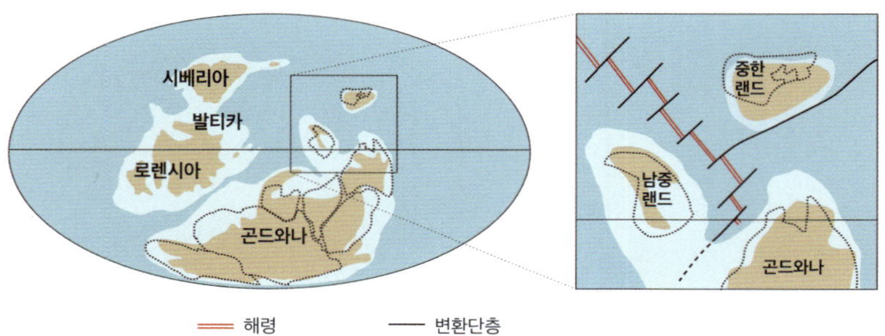

그림 44 데본기(약 4억 년 전)의 고지리도.
곤드와나 대륙에서 떨어져 나온 중한랜드는 홀로 떠돌던 작은 대륙이다.

그림 45 태백 지역에 드러나 있는 중기 고생대 부정합.
해머의 머리 부분을 경계로 아래에 있는 석회암은 오르도비스기 두위봉층(4억 6,000만 년 전)이고, 위에 놓여 있는 역암과 사암은 석탄기 만항층(3억 2,000만 년 전)이다.

태백산분지에서 전기 고생대 퇴적작용이 끝난 것은 4억 6,000만 년 전이고, 퇴적작용이 다시 시작된 것은 3억 2,000만 년 전이다. 이러한 양상은 중한랜드 곳곳에서 관찰되어 '중기 고생대 대결층'으로 불린다. 그러면 중한랜드의 중기 고생대 부정합(그림 45)은 어떻게 형성되었을까? 즉, 암석 기록이 없는 1억 4,000만 년 동안(4억 6,000만 년~3억 2,000만 년 전) 중한랜드에서 어떤 일이 일어났을까?

여기서 궁금한 것은 중기 고생대 대결층 기간(실루리아-전기 석탄기) 중한랜드에 퇴적층이 쌓인 후에 다시 침식되었는가 하는 점이다. 만일 그랬다면 어떻게 모든 지역에서 똑같이 퇴적되었다가 똑같이 침식되었을까? 여러 궁금증이 있지만, 나는 중기 고생대에 중한랜드에서 퇴적작용이나 침식작용이 거의 일어나지 않았을 것으로 추정했다. 그렇게 생각한 이유는 만약 중기 고생대 기간에 중한랜드에서 퇴적작용이 일어났다면 어딘가에 흔적이 남아 있을 것이기 때문이었다.

일반적으로 지표면에서 일어나는 풍화·침식·퇴적작용의 과정은 무척 복잡해, ① 기후, ② 표토에서의 풍화작용, ③ 지형의 높고 낮음과 같은 요인에 의해 크게 좌우된다. 이 중에서 중한랜드의 경우는 평탄한 지형이 가장 중요한 영향을 미쳤을 것으로 추정된다. 그 이유는 곤드와나 대륙에서 떨어져 나온 중한랜드는 해저 확장에 의해 마치 컨베이어벨트 위를 움직이는 상자처럼 조용히 이동해서 평탄한 지표면을 유지했기 때문이다.

원론적으로 암석은 온난다습한 열대지방에서 풍화가 잘되고, 건조한 아열대지방에서는 풍화가 더디다. 그런데 아무리 풍화 산물이 많이 생겨난다고 해도 지표면이 평탄하면 풍화 산물이 그 자리에 남아 그 아래 놓인 암석들은 풍화와 침식으로부터 보호받을 것이다. 오늘날 그와 같은 모습을 찾아볼 수 있는 곳 중 하나가 오스트레일리아 대륙 중서부에 넓게 펼쳐진 황량한 사막지대이다.

이러한 추론을 바탕으로 그려 본 데본기의 중한랜드는 건조한 아열대 기후 지역을 홀로 이동하던 작은 대륙이었고(그림 44), 중한랜드의 표면은 두꺼운 석회암층(두께 약 1.5km)으로 덮여 있었다. 당시 중한랜드는 길이 약 2,000km, 폭 1,500km가 넘는 커다란 섬의 형태로, 오늘날의 그린란드와 견줄 만한 크기였다.

또한 실루리아-데본기는 육상식물이 출현한 초기 단계였기 때문에 육지에는 식물이 많지 않았고, 이러한 조건에서 중한랜드의 풍화작용은 미미했을 것이다. 그리고 지표에 드러난 석회암이 풍화되

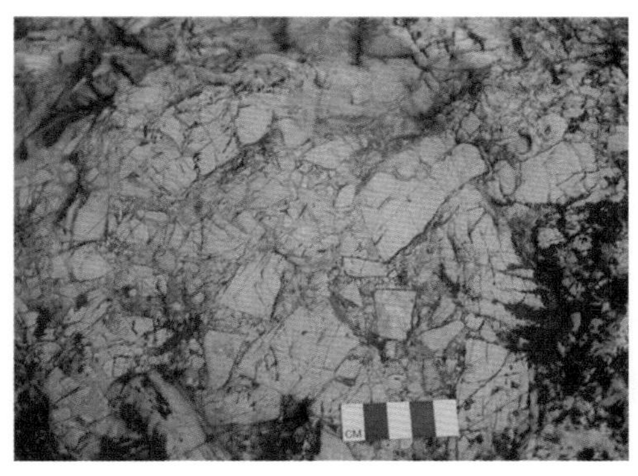

그림 46
태백층군 막골층에서 관찰된 석회각력암

었을 경우에도 지형이 평탄해 토양이 그 자리에 계속 남아 아래에 놓인 암석의 풍화 진행을 막았을 것이다. 또 설령 풍화 산물의 일부가 중한랜드 주변 바다로 흘러 들어갔다고 하더라도 주로 탄산염 광물로 이루어진 알갱이들은 물에 쉽게 녹아 버리기 때문에 대륙 주변부에 퇴적물이 쌓이기 어려웠을 것이다.

그런데 지표면이 대부분 석회암으로 덮여 있던 중한랜드의 경우에는 아무리 풍화·침식작용이 더디게 일어났다고 해도 1억 년이 넘도록 지표면이 대기 중에 노출되어 무언가 흔적을 남겼을 것이다. 나는 그 흔적으로 카르스트 지형의 존재를 떠올렸다. 실제로 중한랜드 서쪽에 위치한 오르도스분지(그림 42)의 중기 오르도비스기 지층에서 옛날 카르스트 지형이 보고되었다. 현재 태백산분지의 조선누층군 최상위 석회암층(두위봉층과 영흥층)에서 카르스트 지형의 흔적이 보고된 적은 없지만, 그러한 지질학적 특징을 찾는 노력이 이루어져야 할 것이다. 이와 관련해 태백층군의 막골층에서 관찰되는 석회각력암(그림 46)이 흥미롭다.

그동안 막골층 내에 있는 석회각력암의 성인成因을 다룬 논문이 3편 발표되었는데, ① 석회각력암은 막골층에 들어 있던 증발 광물이 녹아서 만들어진 동굴이 무너져 생성되었다는 설명, ② 해저의 기울어진 경사면을 따라 퇴적물이 흘러내려 쌓인 퇴적층이라는 해석, ③ 이들이 중생대에 일어난 단층 활동에 의해 형성되었다는 주장 등이다. 나는 막골층 내 석회각력암이 ①의 설명처럼 중한랜드가 홀로 떠돌던 도중에 카르스트 지형이 발달하면서 생겨난 동굴이 무너져 만들어졌을 가능성이 크다고 생각한다.

이처럼 1억 년이 넘도록 홀로 떠돌던 중한랜드에 퇴적작용이 다시 시작된 것은 약 3억 2,000만 년 전이다. 이때 태백산분지에 쌓인 후기 고생대 퇴적층은 쇄설성 퇴적물로 '평안누층군'이라고 불린다. 그런데 조선누층군과 평안누층군 사이에 1억 4,000만 년이라는 간격이 있음에도 불구하고, 두 누층군의 경계부는 아무 일도 없었다는 듯이 평행부정합(그림 45) 관계로 있다. 3억 2,000만 년 전 중한랜드에서 도대체 어떤 일이 일어난 것일까?

후기 석탄기-페름기: 높은 산맥 형성과 평안누층군의 퇴적

태백산분지에서 4억 6,000만 년 전 퇴적작용이 끝난 뒤 1억 4,000만 년이 흐른 3억 2,000만 년 전 무렵 퇴적작용이 다시 시작되었다. 3억 2,000만 년 전에 시작해 2억 5,000만 년 전까지 쌓인 퇴적층인 평안누층군은 대부분 역암, 사암, 셰일로 이루어졌으며, 이따금 얇은 석회암층이나 석탄층이 끼여 있기도 하다. 그러면 3억 2,000만 년 전 평안누층군의 퇴적작용은 어떻게 시작되었을까?

평안누층군의 방추충紡錘蟲 화석 연구에 의하면, 후기 고생대 퇴적작용은 영월탄전에서 먼저(약 3억 2,000만 년 전) 시작되었고 얼마 후(약 3억 1,500만 년 전) 삼척탄전에서 일어났다고 알려져 있다. 하지만 나는 약 3억 2,000만 년 전 삼척탄전과 영월탄전에서 거의 동시에 퇴적작용이 시작되었을 것으로 추정했다(표 2). 두 탄전이 같은 퇴적분지에 속했고, 석탄기 퇴적 환경에 비추어 볼 때 두 지역에 퇴적물이 거의 동시에 공급되었을 것으로 여겼기 때문이다.

퇴적학 연구에 의하면, 평안누층군은 바다와 육지가 만나는 연안

[표 2] 평안누층군의 암석 층서

<table>
<tr><th colspan="3">지질시대</th><th colspan="2">태백 지역</th><th colspan="2">영월 지역</th></tr>
<tr><th>기</th><th>세</th><th>절</th><th>누층군</th><th>층</th><th>누층군</th><th>층</th></tr>
<tr><td rowspan="9">페름기</td><td rowspan="2">러핑</td><td>창싱</td><td rowspan="13">평안
누층군</td><td rowspan="6">동고층
고한층
도사곡층
함백산층</td><td rowspan="13">평안
누층군</td><td rowspan="6"></td></tr>
<tr><td>우지아핑</td></tr>
<tr><td rowspan="3">과달루페</td><td>캐피탄</td></tr>
<tr><td>워드</td></tr>
<tr><td>로드</td></tr>
<tr><td rowspan="4">시스우랄</td><td>쿤구르</td></tr>
<tr><td>아르틴스크</td><td rowspan="5">금천-
장성층</td><td>미탄층</td></tr>
<tr><td>사크마라</td><td rowspan="2">밤치층</td></tr>
<tr><td>아셀</td></tr>
<tr><td rowspan="7">석탄기</td><td rowspan="2">후기
펜실베이니아</td><td>그젤</td><td rowspan="2">판교층</td></tr>
<tr><td>카시모프</td></tr>
<tr><td>중기
펜실베이니아</td><td>모스크바</td><td rowspan="2">만항층</td><td rowspan="2">요봉층</td></tr>
<tr><td>전기
펜실베이니아</td><td>바시키르</td></tr>
<tr><td>후기 미시시피</td><td>세르푸호프</td><td colspan="2" rowspan="3"></td><td colspan="2" rowspan="3"></td></tr>
<tr><td>중기 미시시피</td><td>비제</td></tr>
<tr><td>전기 미시시피</td><td>투르네</td></tr>
</table>

환경과 큰 강들이 흐르는 충적평야에서 쌓인 것으로 알려졌다. 아울러 평안누층군의 사암에 관한 체계적 연구에 의해 평안누층군에 쌓인 퇴적물의 근원지에 관한 지질학적 정보도 자세히 알려져 있다(Yu et al., 1997). 특히 눈에 띄는 내용은 평안누층군의 하부와 중부 구간에 해당하는 만항층, 금천-장성층, 함백산층, 도사곡층의 사암에 장석長石이 없는 점이다. 장석은 비교적 흔한 광물인데, 장석이 없다는 사실을 통해 연구자들은 평안누층군 하부와 중부의 퇴적물이 퇴적암이나 변성

그림 47 굵은 자갈이 들어 있는 평안누층군의 역암.
태백 지역의 만항층(왼쪽)과 영월 지역의 요봉층(오른쪽).

도가 낮은 변성암으로 이루어진 지역에서 왔을 것으로 추정했다.

그런데 도사곡층 바로 위에 놓인 고한층의 사암은 장석과 화산암 알갱이들을 포함하는 점에서 뚜렷이 달랐다. 이로부터 고한층의 퇴적물을 공급한 암석은 주로 화성암(섬록암, 화강섬록암, 화산암)과 변성암이었을 것으로 추정되었다. 최상위층인 동고층의 사암은 오히려 장석이 많고 상대적으로 석영이 적은 점이 특징인데, 이 자료를 통해 퇴적물 근원지의 암석은 화강암과 화강섬록암일 것으로 추정되었다. 이러한 평안누층군 사암의 구성 성분이 시간의 흐름에 따라 달라진다는 관찰을 바탕으로 평안누층군 퇴적물의 공급지는 화성 활동이 함께 일어난 조산대였을 것이라는 결론을 제시했다.

중한랜드의 후기 고생대층은 무척 두꺼우며(두께 1,000~2,000m), 대륙 가장자리에 조성된 연안 환경과 충적평야에서 쌓였다. 태백산분지에서 후기 석탄기에 가장 먼저 쌓인 지층(태백 지역의 만항층과 영월 지역의 요봉층)은 자갈과 굵은 모래로 이루어진 역암과 사암(그림 47)인 점이 특징이다. 이처럼 자갈과 굵은 모래가 맨 처음 쌓였다는 사실은

그림 48
내몽고고융기대의 개략적 위치

중한랜드 어딘가에 자갈과 굵은 모래를 공급할 정도로 높은 산악지대가 생겨났음을 의미한다. 그러면 1억 년이 넘도록 평탄한 지형을 이루었던 중한랜드에 약 3억 2,000만 년 전 갑자기 생겨난 높은 산악지대는 어디일까? 그 산악지대는 어떻게 생겨났을까?

후기 고생대 중한랜드에서 높은 산들이 존재했을 가능성이 있는 지역을 문헌에서 추적했더니 중국의 네이멍구와 지린성吉林省 일대에 동서 방향으로 분포하는 내몽고고융기대Inner Mongolia Paleo-uplift가 있었다. 내몽고고융기대는 중한랜드의 북쪽 가장자리에 위치한다(그림 48).

이와 관련해 흥미로운 내용은 내몽고고융기대에 시기를 달리하는 두 그룹의 화성암군이 분포한다는 점이다. 하나는 후기 석탄기(3억 2,400만~3억 년 전)의 화성암으로 석영섬록암, 섬록암, 화강섬록암, 각섬석반려암이며, 다른 하나는 페름기 말-중기 트라이아스기(2억 5,400만~2억 3,700만 년 전)의 화강암류 암석이다.

후기 석탄기에 북쪽에 있던 고아시아 해양Paleo-Asian Ocean판이 중

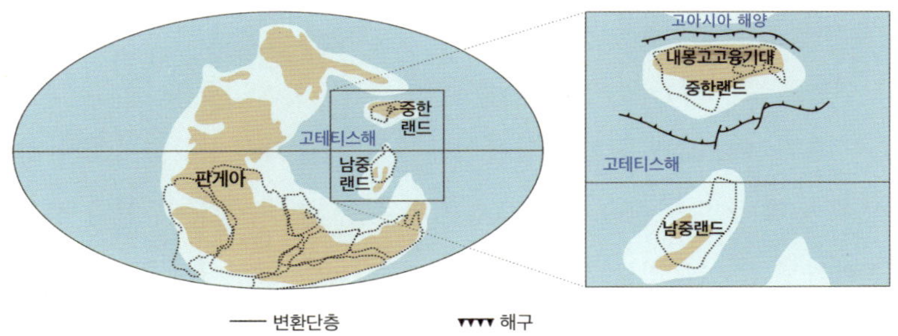

그림 49 3억 2,000만 년 전 고지리도.
중한랜드와 남중랜드는 고테티스해를 떠돌던 작은 대륙이었고, 중한랜드 북쪽에서 고아시아 해양판이 섭입하면서 내몽고고융기대가 생겨났다.

한랜드판 밑으로 섭입하는 과정에서 마그마가 생성되었고, 중국 학자들은 이 마그마가 높은 산맥(내몽고고융기대)의 형성에 기여한 것으로 해석했다(Zhang et al., 2009). 반면에 페름기 말-중기 트라이아스기 화성암은 몽고 대륙과 중한랜드가 합쳐진 후 연약권에서 올라온 마그마로부터 만들어진 화강암류로 추정했다. 나는 이 자료를 반영해 3억 2,000만 년 전 고지리도(그림 49)를 그렸다(Choi, 2019b).

중국 학자들은 후기 석탄기 화강암이 깊이 15.7~18.7km 구간에서 생성되었다는 결과를 얻었는데, 이 화성암은 곳곳에서 쥐라기 퇴적암에 덮여 있었다. 이 자료는 내몽고고융기대가 무척 빠른 속도로 삭박削剝되었음을 의미한다. 쉽게 설명하면, 후기 석탄기(약 3억 2,000만 년 전)에서 전기 쥐라기(약 2억 년 전) 사이 내몽고고융기대에서 두께 15km가 넘는 땅덩어리가 침식되었다는 뜻이다. 그러므로 이 기간에 내몽고고융기대에서 깎여 나간 암석의 양이 엄청났을 것이다. 나는 이들이 중한랜드 남부 곳곳에 분포하는 후기 고생대층(평안누층군 포함) 퇴적물의 근원이라고 판단했다.

후기 고생대에 중한랜드 북쪽에서 일어난 내몽고고융기대의 화성 활동과 풍화 과정을 자세히 들여다보면, 평안누층군 사암의 성분 변화와도 잘 어울리는 것을 알 수 있다. 그동안 이루어진 평안누층군 사암 연구에 의하면, 평안누층군 하부 층들(만항층과 요봉층)의 근원암은 퇴적암과 저변성암으로 추정된다. 이 암석에 해당하는 것으로 내몽고고융기대의 바탕을 이루는 기반암(대부분 고원생대의 변성암)을 지목할 수 있다.

아울러 만항층 사암의 지르콘 광물 분석에 의해 두 시기의 연령군이 보고되었는데, 각각 고원생대(18억 9,000만~17억 8,000만 년 전)와 석탄기(3억 5,800만~2억 8,800만 년 전)이다. 고원생대 지르콘 광물들은 기반암에서, 석탄기 지르콘 광물들은 내몽고고융기대에서 일어난 화산 활동에서 공급된 것으로 추정된다.

평안누층군 중상부에 해당하는 고한층의 경우, 퇴적물 근원지의 암석이 섬록암, 화강섬록암, 화산암, 변성암일 것으로 추정되었는데, 이에 해당하는 암석으로 내몽고고융기대의 석탄기 섬록암-화강섬록암을 지목할 수 있다. 이는 내몽고고융기대가 빠르게 삭박되어 페름기 후반에 이르렀을 때 지표에 드러난 후기 석탄기 섬록암-화강섬록암이 고한층 퇴적물의 근원이었음을 의미한다.

평안누층군 최상위층인 동고층의 퇴적물은 화강암, 화강섬록암, 화산암 지역에서 공급된 것으로 추정되었는데, 이 퇴적물의 근원도

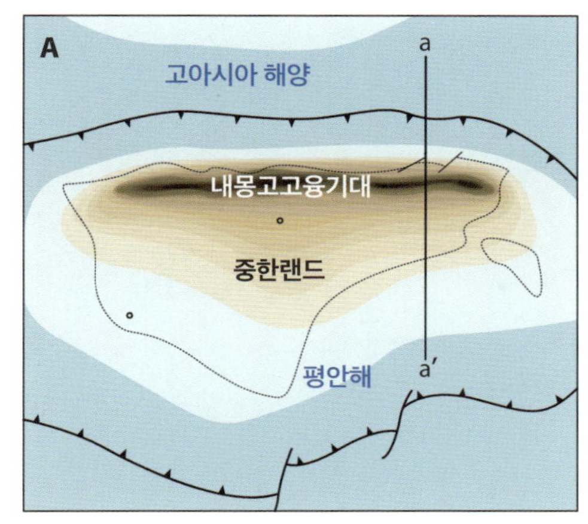

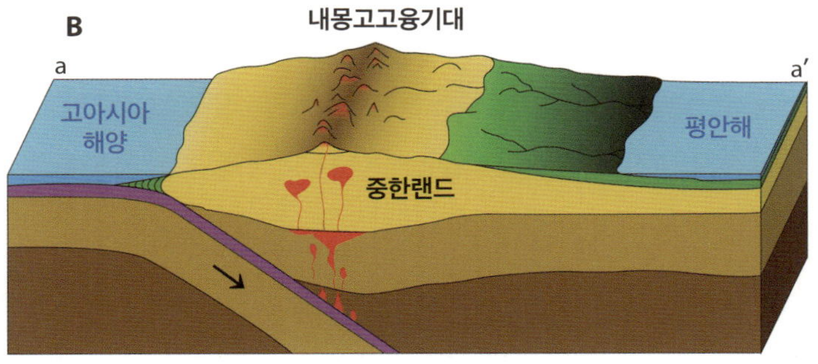

그림 50 후기 석탄기(3억 2,000만 년 전)의 고지리도와 입체도.
A: 그림 49의 중한랜드 부분을 확대, B: 그림 A의 a-a′ 부분을 3차원으로 그림.

내몽고고융기대의 페름기 말-중기 트라이아스기 화강암류를 지목할 수 있다. 나는 평안누층군 사암의 암석학적 특성과 이에 어울리는 지질학적 내용을 바탕으로 중한랜드의 후기 석탄기 고지리도를 구체적으로 그렸다(그림 50).

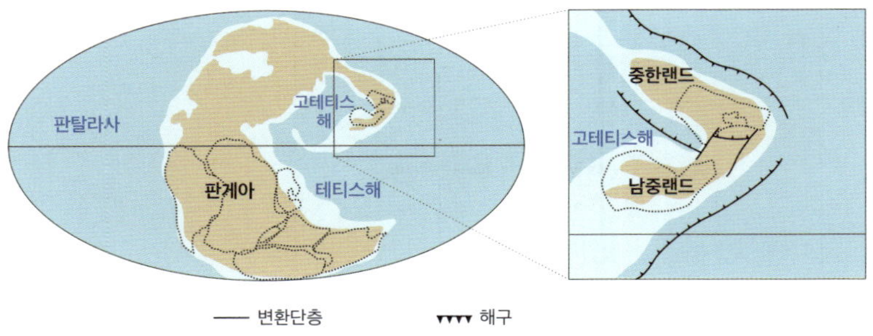

그림 51 2억 5,000만 년 전의 고지리도

이상의 내용을 요약하면, 석탄기 중엽(3억 2,000만 년 전) 중한랜드 북쪽에 생겨난 해구를 따라 고아시아 해양판이 섭입하기 시작하면서 화산산맥이 솟아올랐고, 이 화산산맥이 지금의 내몽고고융기대에 해당한다. 당시 화산산맥은 오늘날 남아메리카 대륙의 안데스산맥과 비슷해 해발 4,000~5,000m의 산이 줄지어 솟아 있었을 것이다.

내몽고고융기대에서 중한랜드 남부 저지대까지의 거리는 1,000km 이상이었으며, 높은 산에서 쏟아져 내린 모래와 자갈들이 강을 따라 운반되어 저지대인 충적평야와 연안 환경에 쌓여 석탄-페름기 지층을 이루었다(그림 50). 이때 태백산분지와 평남분지에 쌓인 퇴적층이 평안누층군이다. 당시 중한랜드 저지대였던 얕은 바다와 충적평야 밑에는 조선누층군이 거의 흐트러짐 없이 놓여 있었고, 그 위에 평안누층군이 차곡차곡 쌓인 결과 지금 우리가 태백과 영월 지역에서 보는 것과 같은 평행부정합(그림 47)을 이루었다. 나는 중한랜드 남쪽에 있던 얕은 바다의 지질학적 중요성을 강조하기 위해 이 바다에 평안해平安海라는 이름을 붙였다(그림 50). 평안해는 고테티스해Paleotethys Sea의 한 부분으로, 남중랜드와는 해구에 의해 나뉘어 있었다.

태백산분지에서 평안누층군 퇴적작용은 약 2억 5,000만 년 전에 끝났는데, 이는 중한랜드와 남중랜드가 충돌하기 시작했기 때문이다(그림 51). 약 2억 5,000만 년 전, 두 대륙이 충돌하면서 그 사이에 있던 고생대층(조선누층군과 평안누층군)들이 찌그러 들어 지금 태백산분지에서 볼 수 있는 복잡한 습곡 구조와 단층들이 만들어졌다. 이 충돌 과정에서 일어난 조산운동을 우리나라에서는 송림松林조산운동이라 하고, 중국에서는 인도지나Indosinian조산운동이라고 부른다.

2억 5,000만 년 전 중한랜드와 남중랜드의 충돌

고생대를 마감하고 중생대에 막 접어든 2억 5,000만 년 전에는 지구상의 대륙 대부분이 모여 초대륙 판게아Pangea를 이루고 있었다. 이 무렵, 판게아의 북반구 끝자락에 있던 중한랜드와 남중랜드가 충돌하기 시작했다(그림 51). 이 충돌 과정에서 남중랜드가 친링-다비에-술루-임진강대를 따라 중한랜드 밑으로 섭입했다는 사실이 보편적으로 받아들여지고 있다. 그런데 한반도 형성과 관련된 지체구조 모델은 학자들에 따라 생각이 달라 현재 세 가지 가설(만입쐐기 모델, 충돌대 모델, 지각분리 모델)이 경쟁하고 있다(그림 52).

첫째, 만입쐐기 모델indented wedge model에서는 중생대 이전에 한반도가 3지괴로 나뉘어 있었으며, 북부지괴와 남부지괴는 중한랜드, 중부지괴는 남중랜드에 속했다는 가설이다(그림 52A). 둘째, 충돌대 모델collisional belt model은 한반도가 두 부분으로 나뉘어 북부 지역은 중한랜드, 남부지괴는 남중랜드에 속했다는 가설이다(그림 52B). 셋째, 지각분리 모델crustal detachment model은 한반도가 한 덩어리를 이루어

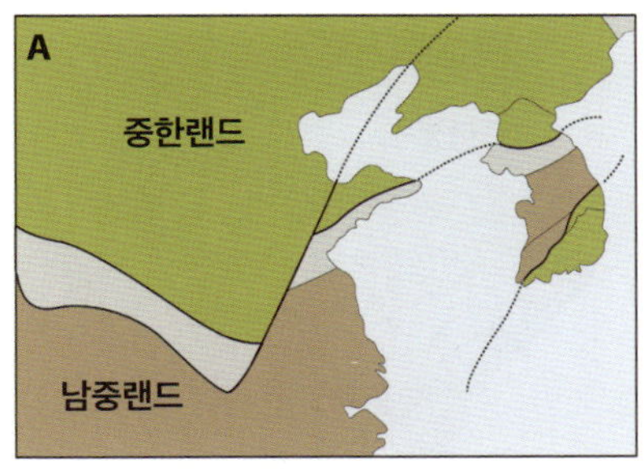

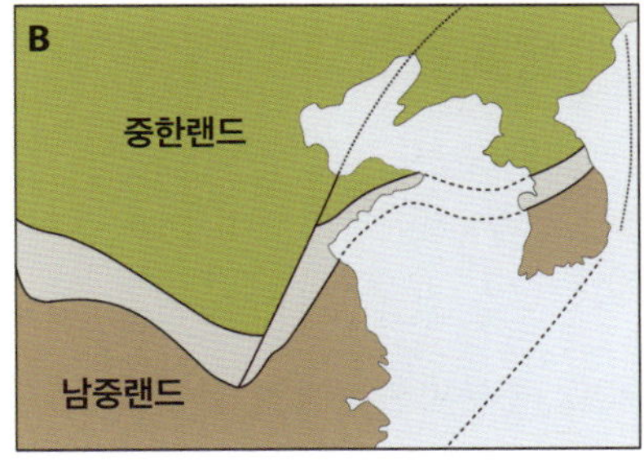

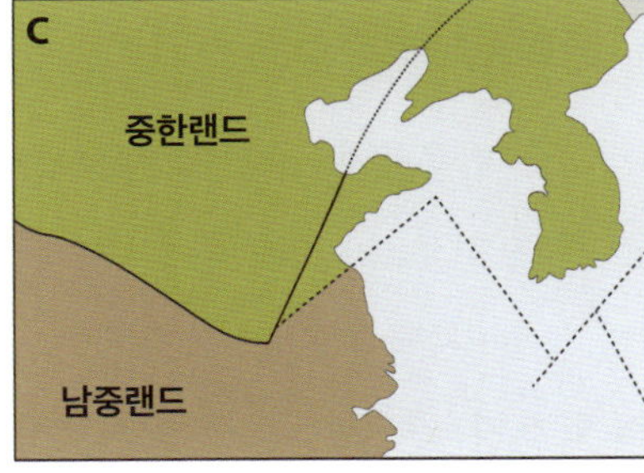

그림 52
한반도 형성과 관련된 세 가지 지체구조 모델.
A: 만입쐐기 모델, B: 충돌대 모델, C: 지각 분리 모델.

줄곧 중한랜드에 속해 있었다는 가설이다(그림 52C). 여기서 각 모델의 장단점을 논하지는 않겠지만, 나는 한반도 지질을 설명하기에 만입쐐기 모델이 가장 적합하다는 생각을 바탕으로 한반도 형성 과정을 서술했다(최덕근, 2014).

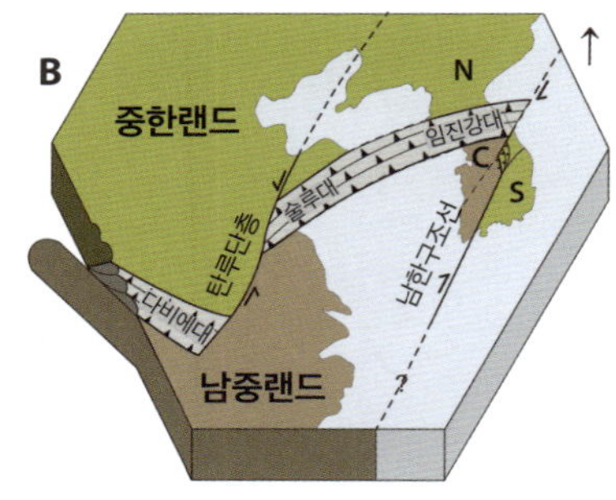

그림 53 만입쐐기 모델.
2억 5,000만 년 전에 일어난 중한랜드와 남중랜드의 충돌 모식도(Ree et al., 2001에서 수정).
N: 북부지괴, C: 중부지괴, S: 남부지괴.

만입쐐기 모델(그림 53)에서는 한반도를 크게 3개의 지괴로 나누고, 북부지괴와 남부지괴는 중한랜드, 중부지괴는 남중랜드에 속하는 것으로 다루었다. 이 모델은 술루대-임진강대를 따라 남중랜드판이 중한랜드판 밑으로 밀려 내려가는 움직임에 바탕을 둔 가설이다. 이 과정에서 섭입하는 술루-임진강대의 동쪽과 서쪽에 변환단층이 형성되었으며, 동쪽 변환단층은 남한구조선南韓構造線, 서쪽 변환단층은 탄루郯庐, Tan-Lu 단층으로 불린다. 남한 지역을 북동-남서방향으로 달리는 남한구조선은 중부지괴와 남부지괴를 나누는 경계인 동시에 태백산분지와 충청분지를 나누는 경계이기도 하다. 2억 5,000만 년 전, 남한구조선을 따라 어긋난 움직임이 시작되면서 평안누층군의 퇴적작용이 끝났고, 이 움직임에 의해 태백산분지의 고생대층들이 찌그러 들어 수많은 습곡과 충상단층들이 만들어졌다.

만입쐐기 모델에서 특히 강조한 내용은 현재 임진강대와 경기육괴를 이루는 땅덩어리의 일부는 남중랜드가 중한랜드 밑으로 섭입하는 과정에서 두 대륙 사이에 형성된 부가대附加帶라는 해석이다(그림 54). 부가대는 '달라붙은 땅덩어리'라는 뜻으로, 섭입대를 따라 내려가던 남중랜드의 일부가 두 대륙 사이를 채우면서 형성되었다.

그런데 판구조론에 의하면 섭입대 위에 놓인 판에는 일반적으로 화산산맥(오늘날 대표적인 예가 안데스산맥)이 형성되는데, 중한랜드에서는 트라이아스기의 화산산맥이 알려져 있지 않다. 중한랜드에 화산산맥이 없는 점에 대한 이유로 다음과 같은 설명이 가능해 보인다. 차가운 해양판이 섭입하면서 마그마를 만들 정도로 충분히 데워지지 않았거나, 중한랜드와 남중랜드 사이에 있던 고테티스해의 폭이 좁았거나, 남중랜드 해양판의 섭입 각도가 작은 경우에는 마그마가 형성되지 않기 때문에 화산산맥이 형성되지 않았던 것으로 추정된다.

석탄-페름기에 남중랜드의 해양판이 중한랜드 대륙판 밑으로 섭입했을 때(그림 54A) 일어날 수 있는 현상 중 하나로 해양판 위에 놓여 있던 가벼운 퇴적층 일부가 섭입대 위쪽에 있던 중한랜드로 밀려 올라간 것이다. 현재 북한 지역에 분포하는 후기 오르도비스기 상서리층군과 실루리아기 곡산층군은 이 과정에서 평남분지 영역에 놓였을 것이다.

시간이 흘러 전기 트라이아스기에 남중랜드의 해양판이 모두 섭입한 뒤, 남중랜드 대륙판과 중한랜드 대륙판의 충돌이 이어졌을 텐데, 이때 남중랜드 대륙판의 최상부에 있던 퇴적층과 대륙 지각의 최상부 부분이 중한랜드 쪽으로 달라붙는 양상, 즉 부가대가 형성되었

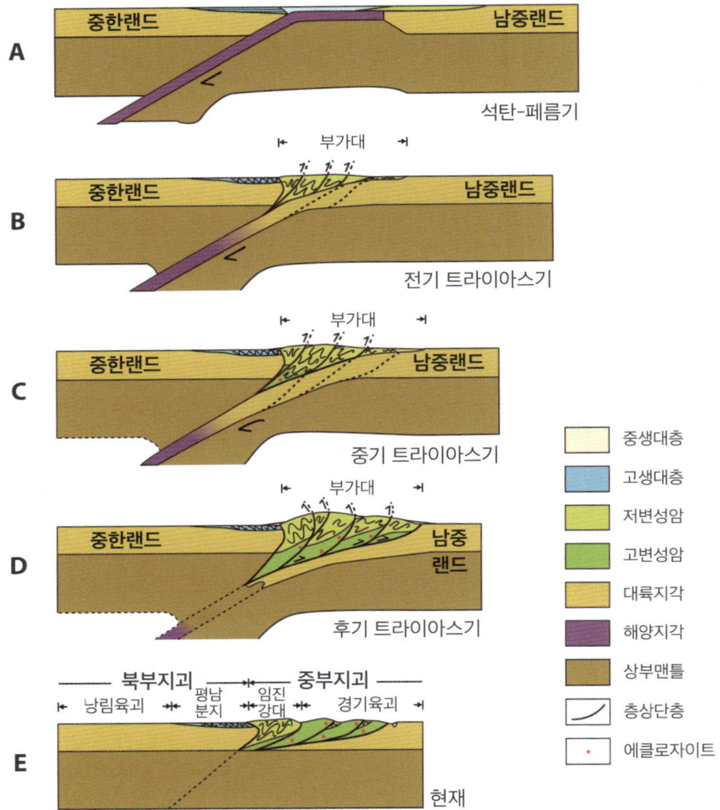

그림 54 트라이아스기 중한랜드와 남중랜드의 충돌 과정을 그린 모식도

다(그림 54B). 충돌 과정에서 부가대의 암석들은 심하게 찌그러 들었고, 이 부가대는 현재 임진강대에 해당한다.

섭입작용이 지속되면서 중한랜드와 남중랜드 사이의 부가대에 뭉쳐 있던 암석 일부는 지하 깊은 곳까지 내려갔고, 어느 정도 깊이 내려갔느냐에 따라 암석의 변성 정도가 달라졌다(그림 54C). 얕은 곳에서는 낮은 변성도의 녹색편암상綠色片岩相 변성작용이 일어났지만, 깊어질수록 변성도가 점점 증가해 각섬암상角閃岩相과 백립암상白粒岩相 변성작용을 거쳐 매우 깊은 곳(깊이 80~100km)에 도달하면 고압 또는 초고압 에클로자이트eclogite상 변성작용을 겪었으리라 예상된다.

중부지괴에 속하는 경기육괴와 임진강대 내에는 저변성암低變成岩과 고변성암高變成岩이 곳곳에 분포하는 것으로 알려져 있다. 거의 변성을 받지 않았거나 저변성(녹색편암상)을 겪은 암석으로는 황해도 지역의 신원생대 상원누층군과 데본기 임진층군, 충청남도 안면도 일대의 중기 고생대 태안층 등이 있다. 반면 고변성(각섬암상-에클로자이트상)을 겪은 암석으로는 경기도의 신원생대 고남산 각섬암, 충청남도 홍성의 비봉 에클로자이트, 오대산의 맨저라이트, 경기도 서부 영흥도-선재도-대부도 일대의 태안층, 충청남도 중기 고생대 월현리층, 경기도 북부의 데본기 연천층군 등이 있다.

이 중 지질시대가 비슷한 저변성암과 고변성암이 인접해 분포하는 점이 특히 관심을 끈다. 예를 들어 임진강대 남쪽에 있는 데본기의 임진층군과 연천층군의 경우, 임진층군은 보존이 좋은 해양동물 화석과 식물 화석이 산출되는 것으로 보아 변성도가 낮은 반면, 연천층군은 각섬암상에서 에클로자이트상에 이르는 높은 변성작용을 겪은 것으로 알려졌다. 또한 경기육괴 서부에서 안면도의 태안층이 녹색편암-저각섬암 변성상을 보여 주는 데 반해 북쪽 영흥도-선재도-대부도의 태안층과 안면도 동쪽의 월현리층은 각섬암상 변성작용을 받은 것으로 알려졌다. 같은 시기에 생성된 암석의 변성 정도가 이처럼 다른 이유는 무엇일까?

맨틀 깊숙이 섭입한 남중랜드의 해양판은 후기 트라이아스기에 결국 대륙판과 분리되어 맨틀 속으로 내려간 것으로 추정된다(그림 54D). 해양판과 대륙판이 붙어 있을 때는 무거운 해양판 때문에 대륙판이 끌려 들어가지만, 해양판이 대륙판에서 떨어져 나가면 대륙판과 부가대(임진강대)는 가볍기 때문에 섭입을 멈추고 오히려 솟아오른다. 이 과정에서 지역에 따라 고변성을 겪은 부분이 빠르게 솟아올라 저변성을 겪은 부분과 나란히 붙어 있게 된 것으로 해석했다.

가벼운 임진강대가 솟아오르면서 삭박과 침식, 팽창이 지배하는 지구조운동이 일어난 결과 임진강대 내와 주변 곳곳에 소규모 퇴적분지들이 형성되었다. 현재 평남분지, 임진강대, 경기육괴 내에 분포하는 대동누층군들은 이 과정에서 형성된 퇴적분지에서 쌓였을 것으로 추정된다. 이 퇴적분지들을 북쪽에서부터 열거하면, 북한 평양과 황주 부근의 대동강-재령강분지, 경기도의 김포분지와 연천분지, 충청남도 서부의 충남분지 등이 있다.

이 중에서 황주 지역의 송림산층군이 무척 흥미롭다. 그 이유는 송림산층군의 송림역암松林礫岩에 들어 있는 석회암 자갈에서 남중랜드의 특성을 보여 주는 산호 화석이 발견되었기 때문이다. 이 자료는 임진층군의 화석 자료와 함께 임진강대가 남중랜드에 속했음을 알려 주는 중요한 증거이다. 한편, 충남분지의 남포층군과 김포·연천 지역의 김포층군은 하천-호수 환경에서 쌓인 것으로 알려졌다.

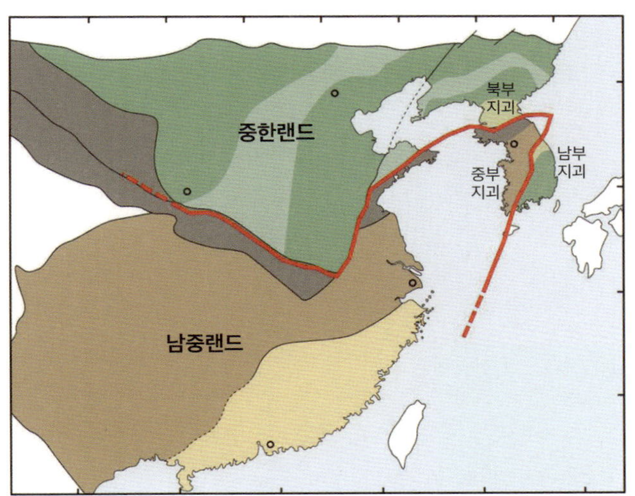

그림 55 2억 5,000만 년 전 시작된 중한랜드와 남중랜드의 충돌에 의해 동아시아 대륙의 골격이 완성되었다. 빨간색 선은 중한랜드와 남중랜드의 충돌 봉합선이다.

요약하면, 태백산분지에서의 후기 고생대 퇴적 과정은 2억 5,000만 년 전 친링-다비에-술루-임진강대를 따라 일어난 중한랜드와 남중랜드의 충돌 과정에서 동쪽의 남한구조선을 따라 중부지괴와 남부지괴 사이에 일어난 충돌에 의해 막을 내렸다. 이 충돌작용으로 한반도를 포함한 오늘날 동아시아 대륙의 기본 골격(그림 55)이 완성되었다고 할 수 있다.

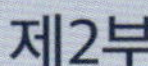

제2부

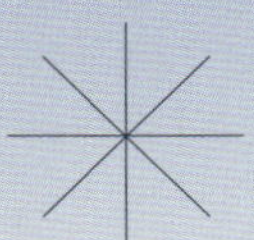

신원생대로의 초대

2011년, 우연히 만난 눈덩이지구 빙하시대 가설

1986년 서울대학교에 부임한 이후, 나는 오로지 태백산분지의 캄브리아-오르도비스기 삼엽충 화석을 연구하는 데 온 힘을 쏟았다. 태백산분지의 캄브리아-오르도비스기 조선누층군의 층서와 지질시대를 알아내고, 삼엽충 화석 자료를 바탕으로 한반도의 고지리적·고환경적 윤곽을 그릴 수 있게 된 것은 연구를 시작한 지 20여 년이 흐른 2009년 무렵이었다. 당시 나는 정년퇴임을 5년 남짓 남겨 두고 있었기 때문에 남은 기간에는 그동안 연구했던 삼엽충과 관련된 내용을 정리하면서 여유롭게 지내기로 마음먹었다.

그런데 2010년 가을, 미국 캘리포니아 대학교 리버사이드 캠퍼스의 나이절 휴스 교수가 자신의 연구 그룹과 함께 태백산분지를 답사하고 싶다는 이메일을 보내왔다. 휴스는 콜로라도 대학교의 폴 마이로Paul Myrow 교수, 하버드 대학교의 박사후 연구원 벤 길Ben Gill 박사, 휴스의 제자 라이언 매켄지와 함께 전 세계의 캄브리아기 지층을 대상으로 안정동위원소(산소, 탄소, 황 등) 분석 연구를 추진하고 있었는데, 캄브리아기 층서와 지질시대가 잘 밝혀진 태백산분지에서도 암석 시료를 채취하고 싶다는 내용이었다. 나는 그의 제안을 받아들여 태백산분지에서 시료 채취하는 일을 도와주기로 했다.

2011년 3월 중순, 한국에 도착한 휴스 일행과 함께 태백산분지의 조선누층군에서 그들이 원하는 암석 시료를 채취하도록 한 다음, 서울로 올라가는 도중에 관광을 겸해서 경관이 좋은 충주호 부근을 들렀다. 충주호 남쪽을 따라 나 있는 36번 국도를 달리다 보면, 멋진 암석들이 도로 주변 곳곳에 드러나 있는 것을 볼 수 있다. 충주호 부근의 암석은 대부분 '옥천누층군'으로 불리는데, 옥천누층군은 중압중온中壓中溫의 변성작용을 받은 변성퇴적암으로 이루어져 있다. 옥천누층군의 구성 암석이 변성암으로 알려져 있었기 때문에 나는 개인적으로 옥천누층군을 연구한 적도 없고, 연구할 생각을 해본 적도 없었다.

충청도 일대에 넓게 분포하고 있는 옥천누층군은 1970년대 한국 지질학계에서 가장 주목받은 연구 대상이었다. 당시 서울대학교 손치무 교수와 연세대학교 김옥준 교수가 옥천누층군의 층서와 지질시대에 관해 전혀 다른 견해를 발표하면서 열띤 학술적 논쟁을 벌였던 일이 그 배경에 있었다. 이 학술 논쟁에 영국의 지질학자 앤서니 리드먼Anthony Reedman 박사가 끼어들어 또 다른 견해를 발표했다.

옥천누층군에 관한 체계적인 연구는 1960년대 중반 당시 국립지질조사소(현 한국지질자원연구원)에서 충주 일대에 대한 지질 조사를 시행하면서 시작되었다. 충주 황강리 도폭의 지질 조사에서 옥천누층군의 층서가 처음 제안되었는데, 하부로부터 고운리층, 서창리층, 북노리층, 명오리층, 황강리층, 문주리층 순이었다(이민성·박봉순, 1965). 계명산층, 향산리돌로마이트층, 대향산규암층은 서창리층과 같은 시대로 다루어졌다. 당시 조사자들은 석회암으로 이루어진 고운리층을 조선누층군의 캄브리아-오르도비스기 석회암층과 같은 시대에 쌓인 것으로 생각했다. 이에 따라 고운리층 위에 놓이는 모든 층의 지질시대는 오르도비스기 이후의 고생대로 정해졌다.

이어서 옥천누층군을 연구했던 김옥준(1968)은 이민성·박봉순(1965)과 달리 옥천누층군을 하부로부터 계명산층, 향산리돌로마이트층, 대향산규암층, 문주리층, 황강리층(명오리층과 북노리층을 포함)으로 구분한 다음, 옥천누층군의 지질시대는 모두 원생대에 속한다고 주장했다. 한편, 손치무(1970)는 옥천누층군을 충주층군과 옥천층군으로 나눈 다음, 옥천누층군이 조선누층군보다 젊다고 해석해 옥천누층군의 지질시대가 오르도비스기 이후라는 이민성·박봉순(1965)의 생각을 지지했다. 이들의 주장과 달리, 1970년대 초 국립지질조사소에서 자문관으로 근무 중이던 영국인 지질학자 리드먼은 옥천층군이 원생대, 충주층군이 캄브리아-오르도비스기에 속한다는 또 다른 체계의 층서와 지질시대를 제안했다(Reedman et al., 1973).

이상의 내용을 간추리면, 1970년대 옥천누층군의 층서와 지질시대에 관한 견해는 크게 세 가지로 정리할 수 있다(표 3). 첫째, 옥천누층군은 모두 신원생대(김옥준, 1968); 둘째, 옥천누층군은 오르도비스기

[표 3] 1970년대에 제안된 옥천누층군의 층서와 지질시대에 대한 세 가지 주장

<table>
<tr><th colspan="2">지질시대</th><th>김옥준
(1968)</th><th colspan="2">손치무
(1970)</th><th colspan="2">Reedman et al.
(1973)</th></tr>
<tr><td rowspan="6">고생대</td><td>페름기</td><td rowspan="4"></td><td rowspan="3">옥천층군</td><td rowspan="3">황강리층
운곡리층
서창리층
문주리층
미원층
대향산규암층</td><td rowspan="4" colspan="2"></td></tr>
<tr><td>석탄기</td></tr>
<tr><td>데본기</td></tr>
<tr><td>실루리아기</td><td>충주층군</td><td>대향산층
계명산층</td></tr>
<tr><td>오르도비스기</td><td rowspan="2">조선누층군</td><td rowspan="2" colspan="2">조선누층군</td><td rowspan="2">충주층군</td><td rowspan="2">계명산층
대향산층</td></tr>
<tr><td>캄브리아기</td></tr>
<tr><td colspan="2">원생대</td><td>황강리층
(=명오리층&
북노리층)
문주리층
대향산규암층
향산리돌로마
이트층
계명산층</td><td colspan="2"></td><td>옥천층군</td><td>문주리층
황강리층
명오리층
북노리층
서창리층
고운리층</td></tr>
</table>

이후의 고생대(손치무, 1970); 셋째, 옥천누층군 하부는 신원생대이고 상부는 캄브리아-오르도비스기라는 주장(Reedman et al., 1973)이다. 이처럼 옥천누층군의 지질시대가 논란의 대상이 되었던 것은 각 지층의 정확한 지질시대를 알려 줄 뚜렷한 자료가 없었기 때문이다.

이후 옥천누층군에 관한 연구는 지지부진했지만, 우리나라 지질학계에서는 옥천누층군의 지질시대가 고생대라는 견해가 지배적이었다. 옥천누층군이 고생대에 속한다는 견해가 우세했던 결정적인 증거는 화석이었다. 예를 들면, 리드먼(Reedman et al., 1973)이 충주층군을 캄브리아-오르도비스기에 속한다고 제안한 것은 향산리돌로마이트층에서 캄브리아기 표준 화석인 고배류古杯類가 보고(이대성 외, 1972)되었기 때문이다. 이어서 이하영 등(Lee et al., 1989a, 1989b)은 황강리층에 들어 있는 석회암 자갈에서 오르도비스기 코노돈트와 미화석을 보고하면서 황강리층의 나이가 오르도비스기보다 젊다고 제안했다. 그런데 옥천누층군이 캄브리아기보다 젊은 고생대에 속한다면 화석이 훨씬 많이 발견되어야 하는데 화석 산출 보고가 무척 드물었기 때문에 나는 옥천누층군이 고생대에 속한다는 주장에 줄곧 의구심을 품고 있었다.

휴스 일행과 함께 36번 국도를 달리다가 도로변 절벽을 따라 넓게 드러난 암석 앞에서 차를 멈추었다. 그 암석은 옥천누층군 중에서 황강리층에 속하는 퇴적암으로, 진흙 속에 크고 작은 자갈들이 듬성듬성 박혀 있는 매우 특이한 모습이었다(그림 56). 나는 충주호 부근의 암석을 조사해 본 적이 없어 예전부터 황강리층을 이루는 암석이 어떻게 만들어졌을지 궁금했다. 왜냐하면 2004년 9월 한국에서 제9차 국제캄브리아기층서위원회 학술회의가 열렸을 때, 야외 답사의 일환으로 충주호 부근의 황강리층을 방문한 적이 있는데, 그때 오스트레일리아의 제임스 야고James Jago 교수가 나에게 "이 암석이 오스트레일리아에 있었다면, 틀림없이 신원생대 빙하퇴적층이라고 했을 거야!"라고 했던 말이 오래도록 머릿속에 남아 있었기 때문이다.

그림 56
자갈이 듬성듬성 들어 있는 황강리층의 모습

그 말을 기억하고 있던 나는 휴스 일행과 대화하는 도중에 "황강리층이 신원생대 빙하퇴적층이었으면 좋겠습니다."라고 말했다. 그러자 마이로가 "혹시 황강리층 부근에 석회암층이 분포하고 있습니까?"라고 물었다. 나는 석회암층을 직접 본 적은 없지만, 충주호 부근 어딘가에 석회암층이 있다는 이야기를 전해 들은 적이 있기 때문에 그렇다고 대답했다. 그랬더니 마이로가 만약 석회암층과 황강리층이 직접 붙어 있다면, 황강리층이 신원생대 빙하퇴적층일 가능성이 크다고 말하는 것이 아닌가!

알고 보니 마이로는 박사학위 논문 주제로 신원생대 빙하퇴적층을 연구했는데, 신원생대 빙하퇴적층의 특이한 점 중 하나가 빙하퇴적층과 석회암층이 붙어 있는 것이라고 알려 주었다. 신원생대 빙하시대는 '눈덩이지구snowball Earth 빙하시대'로 불리는데, 지구가 극지

방뿐만 아니라 적도 지방까지 온통 빙하로 덮였던 매우 특이한 시기였다. 사실 예전에 '신원생대 눈덩이지구 빙하시대'라는 용어를 들어본 적이 있긴 하지만 큰 관심을 두지 않았다. 왜냐하면 신원생대는 나의 연구 대상이 아니었기 때문이다.

휴스 일행이 돌아간 뒤 충주호 부근의 지질도를 찾아보았다. 그런데 놀랍게도 황강리 지질도에 황강리층과 석회암층이 직접 붙어 있는 곳이 있었다. 그렇다면 황강리층이 신원생대 눈덩이지구 빙하시대에 쌓였을 가능성이 컸다. 나는 신원생대 눈덩이지구 빙하시대에 한반도의 모습이 어떠했을지 더욱 궁금했다.

황강리층을 이루는 암석은 다이아믹타이트diamictite라는 특이한 이름으로 불린다. 다이아믹타이트는 진흙 속에 크고 작은 자갈들이 무질서하게 박혀 있는 역암礫岩의 일종(그림 56)으로, 다이아믹타이트는 '고르게 섞인 암석'이라는 뜻이다. 그동안 우리나라 지질학계에서는 황강리층 다이아믹타이트의 성인과 관련해 다양한 견해가 발표되었지만, 많은 사람이 수긍할 만한 결론에 이르지 못한 상황이었다. 나는 충주호 부근의 황강리층을 본격적으로 조사해 보기로 했다.

5

신원생대 눈덩이지구 빙하시대

1980년대 중반, 오스트레일리아 남부의 플린더스산맥(Flinders Ranges)에 분포하는 약 7억 년 전 빙하퇴적층인 엘라티나층(Elatina Formation)의 고지자기(古地磁氣)를 연구하던 오스트레일리아의 고지자기학자들이 엘라티나층이 적도 부근에서 쌓였다는 논문을 발표해 사람들을 놀라게 했다. 적도 지방인데 빙하퇴적층이 쌓였다니, 믿기 어려운 연구 결과였다. 이 문제를 확인하고 싶었던 미국 캘리포니아공과대학교 고지자기학자 조 커슈빙크(Joe Kirschvink) 교수도 독자적으로 연구했는데, 그 역시 엘라티나층이 위도 15도 부근의 적도 가까운 곳에서 쌓였다는 측정 결과를 얻었다.

커슈빙크는 이 측정 결과를 바탕으로 빙하가 적도 부근을 덮었다면 극지방은 당연히 빙하로 덮였을 것이기 때문에 지구 밖에서 지구를 보면 마치 커다란 눈덩

오스트레일리아 플린더스산맥의 야외 사진. 아래에 평탄하게 놓여 있는 암석은 빙하퇴적층인 엘라티나층이다. 왼쪽 아래의 사진은 엘라티나층을 가까이서 찍은 모습으로 자갈과 모래 진흙이 고루 섞여 있는 역암이다.

이처럼 보였을 것이라는 생각을 바탕으로 「눈덩이지구」라는 간결한 제목의 논문(Kirschvink, 1992)을 발표했다. 이후 눈덩이지구 가설이 빠르게 퍼져 나가면서 논쟁의 소용돌이를 일으켰고, 이 소용돌이는 1998년 하버드 대학교 폴 호프먼(Paul Hoffman) 교수 팀의 논문 「신원생대 눈덩이지구」(Hoffman et al., 1998)가 과학 잡지 『사이언스SCIENCE』에 게재되면서 극에 달했다.

이 논문이 발표된 이후, 사람들은 바다에 어떻게 그처럼 두꺼운 빙하가 만들어질 수 있었는지, 빙하 밑 바다에 살고 있던 생물들이 어떻게 생명을 유지할 수 있었는지 등 여러 의문점을 제기했다. 어떤 학자들은 적도 부근의 빙하는 두께가 얇았을 것이라 주장하고, 또 어떤 학자들은 대륙에서 먼 바다에는 아예 빙하가 없었다는 수정안을 내놓기도 했다. 빙하의 규모가 어떠했는지 그 모습을 정확히 알기는 어렵다고 해도, 신원생대에 지구 대부분이 빙하로 덮였다는 사실에는 의견을 함께했다. 이 눈덩이지구 가설은 21세기 들어 지구과학 분야의 가장 뜨거운 논쟁거리 중 하나였다.

옥천누층군의 새로운 층서를 제안하다

하루라도 빨리 옥천누층군을 조사하고 싶어, 조급한 마음에 2011년 4월 1일 대학원생 2명과 함께 황강리층이 분포하는 충주호로 향했다. 황강리 지질도에서 황강리층과 석회암층이 붙어 있다고 표시된 부근의 식당 주차장에 주차하고 호수 가장자리를 따라 걸으면서 드러난 암석을 하나하나 점검해 나갔다.

조사를 시작해서 1시간 남짓 동쪽 방향으로 갔을 때, 황강리층과 석회암층이 직접 만나는 모습을 볼 수 있었다. 그곳의 석회암층은 두께 1m에 불과했는데, 지질도에는 표시되어 있지 않았다. 그런데 석회암층 바로 위에 있는 암석은 검은색 천매암으로 지질도에 명오리층으로 표기되어 있었다. 그러므로 황강리층은 눈덩이지구 빙하시대에 쌓였고, 석회암층과 명오리층은 빙하시대가 끝난 직후에 쌓였을 가능성이 컸다. 이러한 암석의 분포는 지층의 선후관계를 알려 준다는 점에서 무척 중요하다. 그렇다면 황강리층보다 먼저 쌓인 지층은 무엇일까?

충주에서 돌아온 뒤 옥천누층군을 다룬 최근 논문들을 살폈다. 놀랍게도 충주호 부근의 지층 중에서 두 층이 신원생대 화산암으로 이루어졌다는 연구 결과가 있었다. 연구 결과에 따르면 두 층 중 하나는 계명산층으로 약 8억 7,000만 년 전에 화산 활동으로 쌓였고, 다른 하나는 문주리층으로 약 7억 5,000만 년 전 화산 활동에 의해 쌓였다. 그런데 황강리 지질도에서 문주리층과 황강리층은 붙어 있었기 때문에 약 7억 5,000만 년 전 화산 활동에 의해 문주리층이 쌓인 후 황강리층은 눈덩이지구 빙하시대(7억 2,000만~6억 3,500만 년 전)에 쌓인 것으로 해석하면 잘 어울렸다. 황강리 지질도에는 계명산층과 문주리층 사이에 향산리돌로마이트층과 대향산규암층이 놓여 있었는데, 두 층에 대한 연령 측정 자료는 없지만 8억 7,000만 년에서 7억 5,000만 년 전에 퇴적되었다는 설명이 가능했다. 나는 이 자료를 정리해 옥천누층군의 층서가 하부로부터 계명산층, 향산리돌로마이트층, 대향산규암층, 문주리층, 황강리층, 석회암층, 명오리층, 고운리층 순일 것으로 추정했다.

새로운 층서를 바탕으로 충주호 일대의 지질 조사를 마친 다음, 2011년 가을 조사 지역을 괴산, 보은, 옥천으로 확대해 충주호에서 알아낸 옥천누층군의 층서를 확인하는 조사를 진행했다. 특히 황강리층과 석회암층의 분포를 중점적으로 조사했는데, 이들의 분포를 옥천 부근까지 추적할 수 있었다. 이 과정에서 금강휴게소 부근 도로에서 놀라운 광경을 만났다. 석회암 속에 박혀 있는 길이 약 70cm의 화강암 덩어리(그림 57)를 발견한 것이다.

그림 57
옥천의 금강휴게소 부근에서 찾은 석회암에 들어 있는 '떨어진 돌'

석회암 속에 어떻게 커다란 화강암 덩어리가 들어갈 수 있을까? 순간 나의 머릿속에는 화강암 덩어리가 들어 있는 빙산이 바다 위를 떠돌다가 빙산이 녹으면서 화강암 덩어리가 석회질 퇴적물이 쌓이고 있던 바다 밑으로 떨어지는 모습이 그려졌다. 지질학에서는 이러한 암석 덩어리를 '떨어진 돌dropstone'이라고 부른다. 이 화강암 덩어리가 빙산에서 떨어진 돌이라면, 이는 황강리층이 눈덩이지구 빙하시대에 퇴적되었고, 석회암층은 빙하시대가 끝난 직후에 쌓였다는 사실을 알려 주는 중요한 증거가 된다.

나는 조사 자료를 바탕으로 옥천누층군의 층서를 새롭게 확립하고 충주호 일대의 지질도(그림 58)를 작성한 다음, 옥천누층군이 쌓였던 퇴적분지에 '충청분지'라는 새로운 이름을 붙였다. 그리고 이 내용을 종합해 『지질과학회지』에 논문(Choi et al., 2012)으로 발표했다.

논문에서 나는 옥천누층군을 충주층군과 수안보층군으로 나누

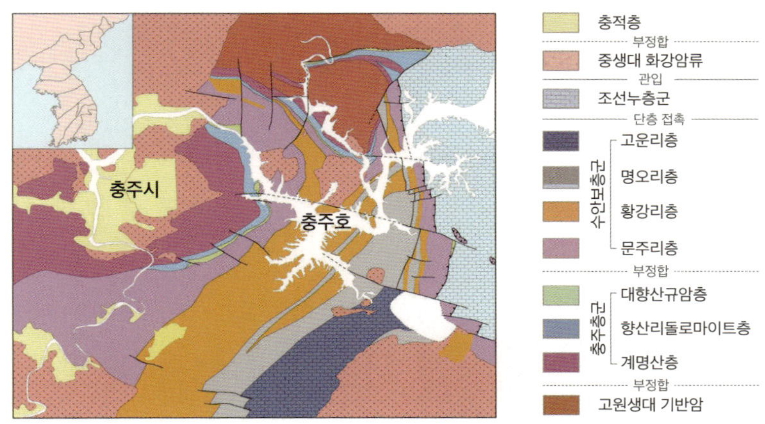

그림 58 충주호 일대의 지질도

고, 하부로부터 충주층군에 계명산층, 향산리돌로마이트층, 대향산규암층, 그리고 수안보층군에 문주리층, 황강리층, 명오리층, 고운리층을 포함시켰다(그림 59). 이 중에서 '수안보층군'은 손치무(1970)의 '옥천층군'(표 3 참조)을 수정한 이름인데, 이름을 수정한 이유는 '옥천층군'에서 '옥천'이라는 이름이 그 상위 단위인 '옥천누층군'과 겹치기 때문에 지명의 중복 사용을 피하기 위함이었다.

1) 충주층군

충주층군忠州層群은 충청분지의 북서부를 따라 북동-남서 방향으로 분포한다. 이 층군은 고원생대 기반암 위에 부정합 관계로 놓이며, 수안보층군에 의해 부정합으로 덮인다.

계명산층鷄鳴山層은 옥천누층군 중에서 가장 먼저 쌓였다. 이 층

그림 59 신원생대 옥천누층군의 층서 요약

은 주로 변성이질암과 변성사질암으로 이루어지며, 석회규질암과 규암이 끼여 있기도 한다. 계명산층의 암석학적 연구에 의하면, 변성이질암과 변성사질암은 원래 화산암이었다. 그리고 계명산층 화산암은 대륙이 갈라져 형성된 열곡대에 맨틀에서 올라온 마그마로부터 생성된 것으로 알려졌다. 계명산층의 지질시대는 화산암에 들어 있는 지르콘 광물의 연령 측정에 의해 약 8억 7,000만 년 전으로 알려졌으므로, 신원생대 토노스기(10억~7억 2,000만 년 전)에 속한다.

향산리香山里돌로마이트층은 흰색 또는 옅은 회색의 돌로스톤과 석회암으로 이루어지며(그림 60), 이따금 얇은 처트층이나 화산암층이 끼여 있기도 한다. 나는 향산리돌로마이트층의 지질시대를 토노스

그림 60
충주호 부근 채석장에 드러난 향산리돌로마이트층

기로 생각했다(그림 59). 그 근거는 향산리돌로마이트층이 층서적으로 계명산층(약 8억 7,000만 년 전)과 문주리층(약 7억 5,000만 년 전) 사이이기 때문이었다.

대향산大香山규암층은 백색-담회색 규암으로 이루어져 있으며, 이따금 얇은 돌로스톤층이 끼여 있다. 나는 대향산규암층 위에 문주리층이 부정합으로 놓이는 것으로 다루었다. 이는 충주에서 남서쪽으로 가면 향산리돌로마이트층과 대향산규암층은 더 이상 이어지지 않고, 계명산층과 문주리층이 직접 만나기 때문이었다(그림 58).

2) 수안보층군

충주층군 위에 부정합으로 놓이는 수안보층군水安堡層群은 하부로부터 문주리층, 황강리층, 명오리층, 고운리층으로 이루어져 있으며(그림 59), 충청분지의 남동부를 따라 북동-남서 방향으로 넓게 분포

그림 61
화산암으로 이루어진 문주리층

한다.

문주리층文周里層은 수안보층군의 최하부층으로 화산암(변성염기성암, 조면현무암, 조면암, 유문암)과 변성퇴적암(천매암, 편암, 슬레이트, 석회규질암)으로 이루어져 있다(그림 61). 문주리층의 지질시대는 화산암에 들어 있는 지르콘 광물의 연령 측정에 의해 각각 7억 6,200만 년 전, 7억 5,580만 년 전, 7억 4,700만 년 전으로 보고되어 후기 토노스기에 속함을 알 수 있다.

황강리층黃江里層은 자갈, 모래, 진흙이 고르게 섞여 있는 다이아믹타이트로 이루어져 있다(그림 56). 다이아믹타이트에 들어 있는 자갈은 규암, 화강암, 셰일, 사암, 석회암, 돌로스톤 등이다. 자갈 중에서 가장 큰 것은 길이 2.3m로 측정되었고, 자갈의 형태도 납작한 것, 둥근 것, 리본 모양, 불규칙한 모양 등 다양하다. 나는 황강리층의 지질시대를 빙성기氷成紀로 다루었는데, 이는 황강리층이 신원생대 눈

그림 62 금강휴게소 부근 도로변에 드러난 명오리층의 금강석회암멤버(가운데 밝은 색 지층). 오른쪽은 황강리층, 왼쪽은 명오리층의 서창리멤버에 속한다.

덩이지구 빙하시대에 쌓인 것으로 생각했기 때문이며, 그 시기는 7억 2,000만 년에서 6억 3,500만 년 전이다.

명오리층鳴梧里層은 암회색-흑색 슬레이트와 천매암으로 이루어져 있으며, 층의 최하부에 얇은 백색의 석회암/돌로스톤층이 존재한다. 명오리층 최하부에 있는 석회암/돌로스톤층은 금강석회암멤버, 그리고 그 위에 놓이는 암회색-흑색 슬레이트/천매암 구간은 서창리멤버로 구분되어 있다(그림 59). 금강석회암錦江石灰岩멤버는 유백색-담회색 석회암/돌로스톤으로, 층 두께는 얇은 경우 1m 미만이지만 두꺼운 경우는 30m를 넘기도 한다(그림 62). 하지만 이 두께는 습곡에 의한 변형의 결과이므로 금강석회암멤버의 정확한 두께를 알기는 어렵다. 서창리西倉里멤버의 두께도 정확히 알기 어려우며, 서창리멤버 내에는 얇은 화산암층(두께 수 센티미터)이 이따금 끼여 있다. 나는 명오리층의 지질시대를 전기 에디아카라기로 다루었는데, 그 근거는 금강석회암멤버를 눈덩이지구 빙하시대가 끝난 직후에 쌓인 덮개석회암층으로 생각했기 때문이다.

고운리층古云里層은 석회질층과 이질층의 교호交互로 이루어져 있으며, 복잡한 습곡 구조를 보여 준다. 고운리층은 서창리멤버 위에 정합적으로 놓여 있는 것으로 생각되는데, 층의 상부는 침식과 화강암 관입 때문에 관찰할 수 없다. 고운리층의 지질시대는 남중국의 신원생대 층서와 비교해 후기 에디아카라기로 판단된다.

신원생대 충청분지에서 어떤 일이 일어났을까?

충청분지는 한반도 중부지괴의 남부에 위치하며, 주로 신원생대 옥천누층군이 분포한다. 나는 충청분지가 신원생대에 남중랜드의 난후아南華분지와 연결되어 있었다는 논문(Choi et al., 2012)을 발표했다(그림 63). 그러므로 충청분지를 이해하기 위해서는 신원생대에 남중랜드의 난후아분지에서 어떤 사건들이 일어났는지 아는 것이 중요했다.

신원생대는 초대륙 로디니아가 갈라져 여러 개의 작은 대륙으로 나뉘어 가던 시기였다. 이 기간에 중한랜드와 남중랜드가 어디에 위치했는지 명확히 말하기는 어렵다. 그동안 제안된 신원생대 초기의 로디니아 고지리도에 의하면, 중한랜드와 남중랜드가 로디니아에서 서로 멀리 떨어져 있었다는 점에는 의견이 일치한다. 그런데 어떤 사람들은 두 대륙이 모두 로디니아의 가장자리에 있었다고 생각한 반면, 또 다른 사람들은 남중랜드는 로디니아의 가운데에 있고 중한랜드는 로디니아의 가장자리에 있었다고 주장하기도 한다.

나는 남중랜드가 로디니아의 가장자리에 있었다는 데이비드 에

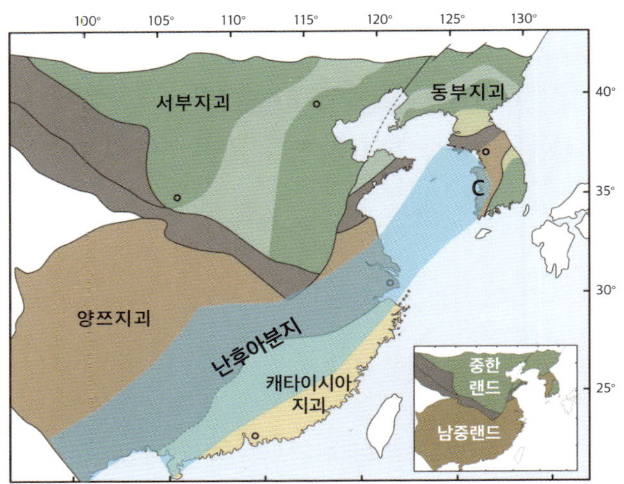

그림 63 동아시아의 지체구조도 요약.

난후아분지(파란색으로 표시된 부분)는 신원생대에 남중랜드 한가운데 있던 퇴적분지였다. 충청분지(C)는 난후아분지의 북동쪽 연장부에 속한 것으로 다루어졌다.

번스David. A. D. Evans의 제안(Evans, 2009)을 받아들여 신원생대의 고지리도를 그렸다(그림 64). 신원생대에 남중랜드에서 난후아분지 형성과 관련해 일어난 판구조 운동에 관한 해석은 학자들에 따라 다른데, 크게 세 가지 모델(플룸-열곡대 모델, 슬랩-호상열도 모델, 판-열곡대 모델)이 경쟁하고 있다(Zhao and Cawood, 2012 참조).

1) 플룸-열곡대plume-rift 모델: 남중랜드는 8억 5,000만~7억 5,000만 년 전에 로디니아가 갈라지는 과정에서 맨틀 플룸이 올라와 남중랜드 내에 열곡대가 열리면서 난후아분지가 생겨났다고 설명한다.

2) 슬랩-호상열도slab-arc 모델: 8억 3,000만 년 이전에는 양쯔지

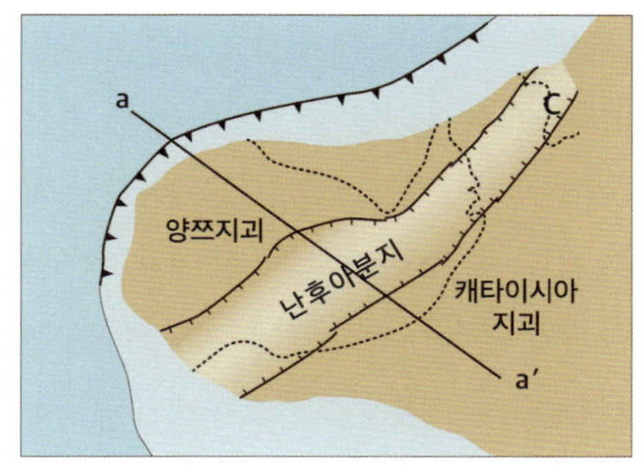

그림 64

슬랩-호상열도 모델을 바탕으로 그린 난후아분지의 모습.

난후아분지는 신원생대에 남중랜드 가운데가 갈라지면서 생겨난 열곡대(C는 충청분지).

괴 북쪽 가장자리에 2개의 호상열도弧狀列島*가 있었고, 약 8억 3,000만 년 전 양쯔지괴와 캐타이시아지괴가 합쳐져 습곡대가 만들어졌다. 8억 3,000만 년 전 이후 남중랜드의 북쪽과 서쪽에서 해양판이 섭입함에 따라 남중랜드 가운데에 배호분지背弧盆地**가 만들어져 난후아분지를 형성했다고 설명한다(그림 64). 위 두 모델의 중요한 차이는 난후아분지 형성 과정과 관련해 플룸-열곡대 모델에서는 맨틀에서의 거대상승류를 도입한 반면, 슬랩-호상열도 모델에서는 해양판의 섭입에 의해 호상열도 뒤쪽에 열린 배호분지라고 주장하는 점이다.

---

* 섭입하는 해양판 위에 활모양으로 배열된 화산섬들의 행렬로 대표적인 예가 알류샨열도.

** 호상열도 뒤에 생겨난 퇴적분지로 우리나라 동해가 전형적인 배호분지.

3) 판-열곡대plate-rift 모델: 중원생대 말(13억~11억 년 전)에 양쯔지괴 가장자리에 호상열도와 배호분지가 있었다고 추정했다. 이 호상열도가 9억 6,000만~8억 년 전에 양쯔지괴와 합쳐지면서 복잡한 화성 활동과 조산 운동이 일어났고, 그 후 7억 8,000만~7억 4,000만 년 전에 맨틀 상승류와 조산대 붕괴에 의해 대륙 내 열곡대가 열리면서 난후아분지를 형성했다고 설명했다. 판-열곡대 모델에서는 양쯔지괴 가장자리의 화성 활동이 중원생대 말에 있었다고 생각한 반면, 슬랩-호상열도 모델에서는 호상열도 활동이 8억 6,500만 년에서 7억 4,500만 년 전에 일어났다고 주장하는 점에서 차이가 있다.

신원생대 초의 남중랜드 판구조 환경을 설명하는 세 모델 사이에는 뚜렷한 차이가 있지만, 세 모델 모두 난후아분지가 신원생대 기간 중 대륙 내에 형성된 열곡대라는 점을 인정하고, 그곳에 신원생대 퇴적층이 쌓였다는 점에서는 의견이 일치한다.

나는 한반도 중부지괴가 신원생대에 남중랜드에 속했다는 가정을 바탕으로 충청분지의 신원생대 진화 과정을 남중랜드 난후아분지의 진화 과정(Zhao and Cawood, 2012)과 연결시켜 설명했다(그림 65).

앞에서 언급한 것처럼, 충청분지에는 두 번에 걸친 신원생대 화산 활동이 기록되어 있다. 첫 번째 화산 활동(약 8억 7,000만 년 전)이 일어났을 때 계명산층이 쌓였고, 두 번째 화산 활동(약 7억 5,000만 년 전)이 일어났을 때 문주리층이 쌓였다. 나는 이 자료를 바탕으로 충청분지를 대륙이 갈라지면서 형성된 열곡대 환경으로 해석했다(Choi et al.,

지질시대	충청분지	난후아분지
에디아카라기	고운리층	~5억 4,000만 년 전 Dengying/Lichapo Fm
	명오리층	~5억 5,100만 년 전 Douchantuo Fm
빙성기	황강리층	~6억 3,500만 년 전 Nantuo Fm ~6억 4,500만 년 전 Xiangmeng/Datangpo Fm ~6억 6,600만 년 전 Changan/Tiesiao Fm ~7억 2,000만 년 전
토노스기	문주리층 (~7억 5,000만 년 전)	Liantuo Fm/Banxi Group (~7억 5,000만 년 전)
	대향산규암층 향산리돌로마이트층	
	계명산층 (~8억 7,000만 년 전)	Sibao/Lengjiaxi Group (~8억 5,000만 년 전)

그림 65 충청분지와 난후아분지의 층서 비교.

빨간색으로 표기한 지층명은 화산암층이고, 파란색으로 표기한 지층명은 빙하퇴적층이다. 6억 3,500만 년 전의 파란색 막대는 덮개석회암층을 의미한다.

2012). 현재까지 알려진 층서를 바탕으로 판단할 때, 충청분지에서 일어난 두 번의 화산 활동은 난후아분지에서 토노스기에 일어난 두 번의 화산 활동과 시기적으로 잘 어울린다(그림 65).

약 8억 7,000만 년 전 난후아분지의 한 부분으로 충청분지가 열리면서 일어난 화산활동에 의해 화산암과 퇴적물이 두껍게 쌓였는데, 이 화산암과 퇴적물이 계명산층을 이루었다(그림 66). 계명산층에 대한 퇴적학 연구는 이루어지지 않았지만, 계명산층 내에 이따금 규암이나 돌로스톤층이 끼여 있는 것으로 보아 얕은 바다 환경이 조성

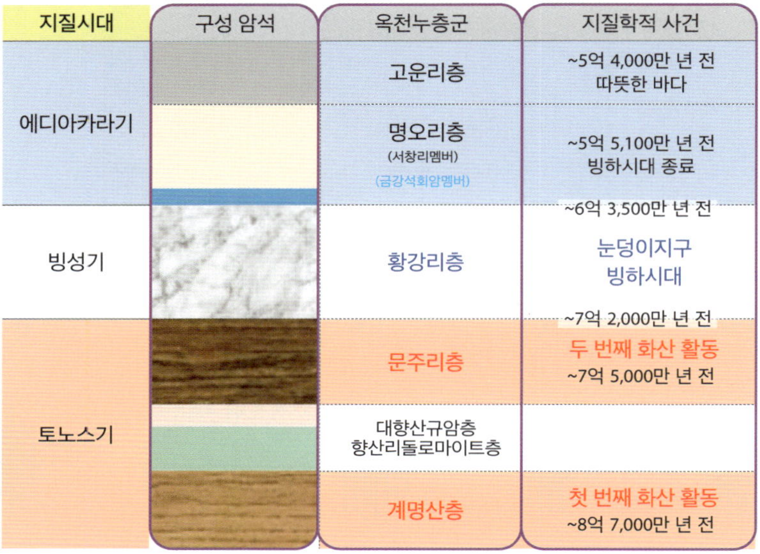

지질시대	구성 암석	옥천누층군	지질학적 사건
에디아카라기		고운리층	~5억 4,000만 년 전 따뜻한 바다
		명오리층 (서창리멤버) (금강석회암멤버)	~5억 5,100만 년 전 빙하시대 종료
빙성기		황강리층	~6억 3,500만 년 전 눈덩이지구 빙하시대 ~7억 2,000만 년 전
토노스기		문주리층	두 번째 화산 활동 ~7억 5,000만 년 전
		대향산규암층 향산리돌로마이트층	
		계명산층	첫 번째 화산 활동 ~8억 7,000만 년 전

그림 66 충청분지의 진화 과정 요약.
빨간색으로 표기한 층은 화산 활동에 의해 쌓인 퇴적층이고, 파란색으로 표기한 층은 빙하 활동에 의해 쌓인 퇴적층이다.

되었던 것으로 추정된다.

계명산층 위에 정합적으로 놓이는 향산리돌로마이트층과 대향산규암층은 화산 활동이 잠잠했을 때 얕은 바다 환경에서 쌓였던 퇴적층으로 해석했다. 그런데 충주호에서 서쪽으로 가면 향산리돌로마이트층과 대향산규암층이 더 이상 추적되지 않고 계명산층과 문주리층이 직접 만난다는 점에서 대향산규암층과 문주리층의 관계를 부정합으로 다루었다. 남중국의 난후아분지에서도 비슷한 시기에 해당하는 부정합이 알려져 있다.

약 7억 6,000만 년 전에 이르러 열곡대가 더욱 확장되면서 두 번째 화산 활동이 일어났다. 이 화산 활동에 의해 충청분지에 화산암과 화산퇴적층이 두껍게 쌓여 문주리층을 이루었다. 문주리층의 암석은 화산암류(변성염기성암, 조면현무암, 조면암, 유문암)와 변성퇴적암류(천매암, 편암, 슬레이트, 석회규질암)로 이루어져 있다.

문주리층 위에는 다이아믹타이트로 이루어진 황강리층이 놓여 있다. 나는 황강리층을 신원생대 눈덩이지구 빙하시대에 쌓인 빙하기원의 다이아믹타이트라고 해석했고, 남중랜드 빙하퇴적층의 시대를 참고해 황강리층이 빙성기(7억 2,000만~6억 3,500만 년 전)에 퇴적된 것으로 보고했다(Choi et al., 2012). 충청분지에서는 황강리층이 유일한 빙하퇴적층이지만, 남중국의 난후아분지에서는 시기를 달리하는 2개의 빙하퇴적층이 알려져 있다(그림 65 참조). 중국 학자들의 연구에 의해, 난후아분지의 중앙부에는 2개의 빙하퇴적층이, 분지의 가장자리에는 하나의 빙하퇴적층이 분포하는 것으로 알려졌다. 이에 따라 충청분지도 난후아분지의 가장자리에 위치했던 것으로 해석했다.

황강리층 바로 위에 놓이는 얇은(두께 약 10m) 석회암층(그림 62)은 명오리층의 금강석회암멤버로 신원생대 마리노Marinoan 빙하기가 끝난 직후에 쌓인 덮개석회암층으로 다루었다. 이 덮개석회암층이 쌓이기 시작한 시기는 약 6억 3,500만 년 전으로, 에디아카라기의 시작을 의미한다.

그 위에 놓이는 명오리층의 서창리멤버는 주로 암회색-흑색 슬레이트/천매암으로 이루어졌는데, 이 암상으로 보아 서창리멤버는 눈덩이지구 빙하시대가 끝난 후 따뜻해진 바다의 저산소 영역에서 쌓였던 것으로 보인다. 명오리층의 하부 덮개석회암과 상부 흑색 셰일로 이루어진 산출 양상은 남중국 난후아분지의 도우샨투오 Doushantuo층에서도 알려져 있다(그림 65).

명오리층 위에 놓이는 고운리층은 주로 석회암으로 이루어졌지만 이따금 이질층들이 끼여 있기도 하며, 곳에 따라 심하게 변형되거나 변성되었다. 고운리층에서는 1차 퇴적 구조가 보존되지 않기 때문에 그 퇴적 환경을 알기는 어렵지만, 비교적 얕은 바다였을 것으로 추정된다. 현재 충청분지에서 고운리층보다 젊은 층이 알려져 있지 않기 때문에 충청분지에서 퇴적작용이 어떻게 끝났는지는 알 수 없다.

옥천대는 중한랜드와 남중랜드 충돌의 산물

옥천대는 경기육괴와 영남육괴 사이에 50~60km의 폭을 가지고 북동-남서 방향으로 배열된 습곡대로 신원생대, 고생대, 중생대의 퇴적층들이 분포한다. 한반도 지질 연구에서 옥천대는 무척 중요한 지역이다. 왜냐하면 옥천대에는 신원생대와 고생대에 걸쳐 일어난 사건들과 트라이아스기에 중한랜드와 남중랜드가 충돌하는 과정에서 일어난 사건들이 오롯이 기록되어 있기 때문이다. 달리 표현하면, 옥천대는 약 10억 년에서 2억 년 전 사이 한반도에서 일어난 역사를 보관하고 있는 사고史庫라고 할 수 있다.

옥천대의 지질학적 중요성을 맨 처음 알아챈 사람은 일본인 지질학자 야마나리 후지마山成不二麿였다. 그는 1926년에 발표한 논문(Yamanari, 1926)에서 선캄브리아시대 옥천층, 고생대층, 중생대층 암석이 북동-남서 방향으로 배열된 강원도 남부에서 충청도에 이르는 지역에 '옥천지향사沃川地向斜'라는 명칭을 처음 사용했다.

이어서 1933년 도쿄 대학교 고바야시 데이이치 교수는 옥천지

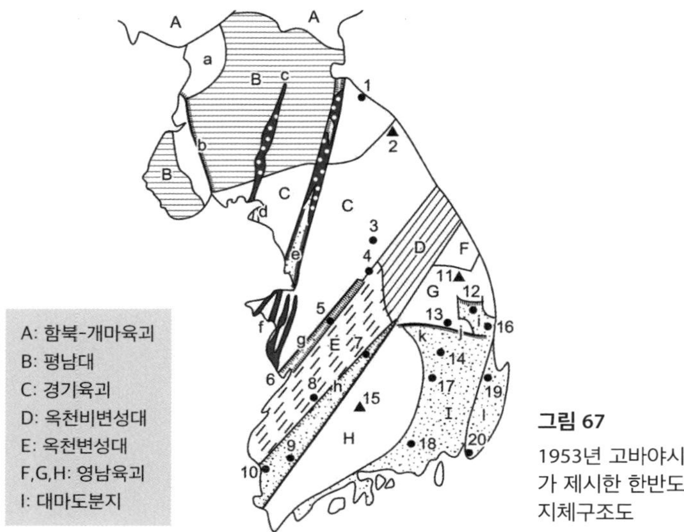

그림 67
1953년 고바야시가 제시한 한반도 지체구조도

향사를 북서쪽의 경기육괴와 남동쪽의 영남육괴 사이에 위치시킨 지체구조도를 제시했다(Kobayashi, 1933). 1953년, 고바야시는 1933년의 지체구조도를 수정해 옥천지향사를 옥천조산대沃川造山帶로 바꾸고, 이를 다시 남서부의 옥천변성대와 북동부의 옥천비변성대로 나누었다(Kobayashi, 1953; 그림 67).

이후 우리나라 학자들에 의해 다양한 지체구조도가 제안되었으나 기본적으로 고바야시가 제시한 지체구조도의 틀에서 크게 벗어나지 않았다. 김옥준 등(1980)은 옥천대를 옥천고지향사대와 옥천신지향사대로 나누었고, 김정환(1999)은 옥천습곡대를 태백산지구와 옥천지구로 나누었다. 1970년대에 판구조론이 등장한 이후, '지향사'라는

그림 68 옥천대는 충청분지와 태백산 분지로 이루어진 복합지체구조구

개념이 사라졌기 때문에 지금은 고지향사대와 신지향사대라는 용어를 사용하지 않는다.

나는 옥천대를 북동부의 태백산분지와 남서부의 충청분지가 합쳐져 만들어진 복합지체구조구(그림 68)로 다룰 것을 제안했다. 옥천대를 복합지체구조구로 다룬 이유는 신원생대 옥천누층군이 쌓였던 충청분지와 고생대층(조선누층군과 평안누층군)이 쌓였던 태백산분지가 판구조적 배경에서 뚜렷이 다르다고 판단했기 때문이다(최덕근, 2014). 충청분지는 예전에 '옥천분지' 또는 '옥천변성대'로 불리던 명칭을 대치한 용어인데, '옥천분지' 대신에 '충청분지'라고 명명한 이유는 옥천이라는 지명이 오랫동안 옥천대라는 용어로 사용되어 지명의 중복 사용을 피하기 위함이었다.

이와 관련해 옥천대의 지질학적 진화 과정에서 반드시 풀어야 할 문제는 충청분지와 태백산분지가 인접하는데도 충청분지의 옥천누층군은 변성도가 높고 태백산분지의 고생대층은 변성도가 낮은 이유이다. 이 문제에 대해서는 다음 장에서 자세히 알아보려고 한다.

앞에서 언급한 것처럼, 지체구조적으로 충청분지는 중부지괴에 속하고, 태백산분지는 남부지괴에 속했다. 그런데 중부지괴는 남중랜드에, 남부지괴는 중한랜드에 속했기 때문에 충청분지와 태백산분지는 충돌하기 전에는 서로 멀리 떨어져 있었다. 오랫동안 떨어져 있던 중한랜드와 남중랜드는 약 2억 5,000만 년 전에 충돌하면서 합쳐지기 시작했다. 내가 선호하는 만입쐐기 모델(그림 53)은 트라이아스기에 술루대-임진강대를 따라 남중랜드가 중한랜드 밑으로 섭입했다는 생각에 바탕을 둔 가설이다(Choi, 2019b). 이때 섭입하는 술루-임진강대의 동쪽과 서쪽 가장자리를 따라 각각 수평 이동 단층이 생겨났는데, 동쪽 경계는 남한구조선, 서쪽 경계는 탄루단층으로 명명되었다. 이 남한구조선은 한반도의 중부지괴와 남부지괴를 나누는 경계인 동시에 충청분지와 태백산분지를 나누는 경계이다. 탄루단층과 남한구조선은 판의 경계 중에서 보존 경계인 변환단층에 해당하는 것으로 다루었다.

제1부 24장에서 자세히 설명한 것처럼, 트라이아스기에 중한랜드와 남중랜드가 충돌하는 과정에서 충청분지와 태백산분지가 남한구조선을 따라 합쳐져 지금의 옥천대로 형성되었다. 그러므로 옥천대는 신원생대와 고생대에 일어난 사건뿐만 아니라 두 대륙이 충돌하는 과정에서 일어난 조산운동이 기록되어 있어 한반도 형성 과정을 이해하는 데 무척 중요한 지역이다.

옥천누층군은 왜 변성도가 높을까?

옥천대에서 가장 눈에 띄는 지질학적 특징 중 하나는 충청분지의 옥천누층군은 변성도가 높고, 태백산분지의 조선누층군과 평안누층군은 상대적으로 변성도가 낮다는 점이다. 이러한 특징을 중요하게 고려해 일찍이 고바야시는 옥천대를 옥천변성대와 옥천비변성대로 나누었고(Kobayashi, 1953), 이 구분은 한국 지질학계에서 오랫동안 받아들여졌다.

1970년대 초에 이루어진 옥천누층군에 대한 변성상變成相 연구(Kim, 1971)에 의해 옥천누층군은 녹색편암상에서 각섬암상(그림 69)에 걸치는 중압중온형中壓中溫型 변성작용을 받은 것으로 밝혀졌다. 옥천누층군은 주로 천매암, 녹니석편암, 운모편암, 각섬암 등 다양한 변성암류로 이루어져 거의 변성을 받지 않은 태백산분지의 고생대 퇴적암(조선누층군과 평안누층군)과 뚜렷한 차이를 보여 준다. 옥천누층군이 중압중온형 변성작용을 받았다는 사실을 판구조론으로 해석하면, 옥천누층군의 암석은 지하 수십 킬로미터 깊은 곳까지 내려갔다가 올

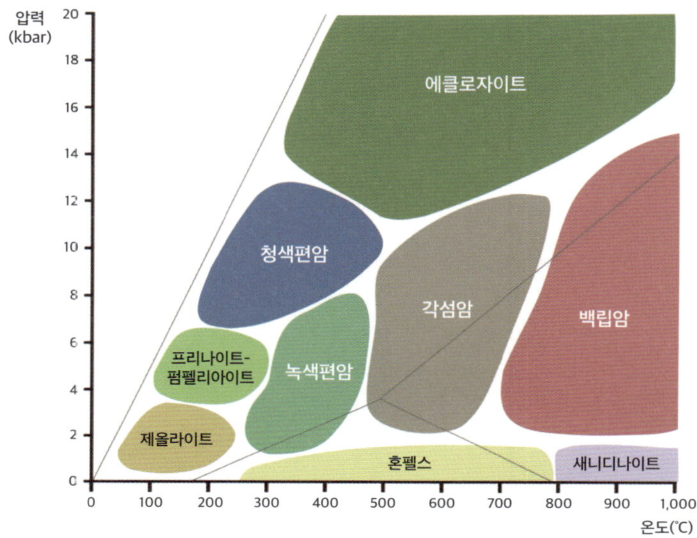

그림 69 온도와 압력 조건에 따른 변성상 분류.
옥천누층군은 녹색편암상에서 각섬암상에 속하는 변성작용을 겪었다.

라왔다는 뜻이다.

충청분지와 태백산분지는 나란히 붙어 있는데, 옥천누층군은 변성되었고, 조선누층군과 평안누층군은 거의 변성되지 않았다. 게다가 충청분지와 태백산분지가 만나는 충북 제천 부근의 남한구조선(봉화재 단층으로 불리는 곳)에서는 옥천누층군이 조선누층군 위로 밀려 올라가 있다. 즉, 변성도가 높은 암석이 변성도가 낮은 암석 위에 놓여 있다. 과연 이런 일이 어떻게 일어났을까? 나는 이러한 현상을 어떻게 설명할 수 있을지 오랫동안 고민했다.

앞서 소개한 만입쐐기 모델을 동원해 보자. 만입쐐기 모델은 트라이아스기에 술루대-임진강대를 따라 남중랜드가 중한랜드 밑으로 섭입했다는 해석에 바탕을 둔 가설이다.

만입쐐기 모델에 의하면, 2억 5,000만 년 전 시작된 중한랜드와 남중랜드의 충돌 과정에서 남중랜드의 충청분지와 중한랜드의 태백산분지가 만나 지금의 옥천대가 형성되었다. 그런데 옥천대에서 변성도가 높은 옥천누층군이 거의 변성을 받지 않은 조선누층군 위에 놓여 있다는 사실은 중한랜드와 남중랜드가 충돌하기 전 남중랜드에 속했던 옥천누층군이 중압중온형 변성작용을 겪었음을 의미한다. 그러면 그 변성작용은 언제, 어떻게 일어났을까?

사실 옥천누층군이 고생대 기간에 변성되었다는 주장은 그동안 여러 학자에 의해 제기되었다. 옥천누층군이 중압중온형 광역변성작용을 받았다는 자료를 바탕으로 옥천누층군의 암석은 퇴적된 이후 지하 20~30km까지 내려갔을 것으로 추정되었다(Cho and Kim, 2005). 이 광역변성작용은 예전에 실루리아-데본기 옥천조산운동으로 불리기도 했고(Kim, 1987; Cluzel et al., 1991), 변성 시기가 후기 고생대(3억 년~2억 7,000만 년 전)라는 견해도 발표되었다(Cho and Kim, 2005).

나는 충청분지와 남중국의 난후아분지가 같은 지체구조 역사를 겪었다는 해석을 바탕으로 옥천조산운동을 난후아분지에서 일어났던 중기 고생대 우윤武云, Wuyun 조산운동(Faure et al., 2009; Li et al., 2010)과 연결시켜 충청분지에서 옥천조산운동이 4억 6,000만~4억 년 전에 일어났다는 주장을 펼쳤다(그림 70; Choi et al., 2012).

그림 70은 옥천누층군의 변성과 변형을 일으킨 옥천조산운동이

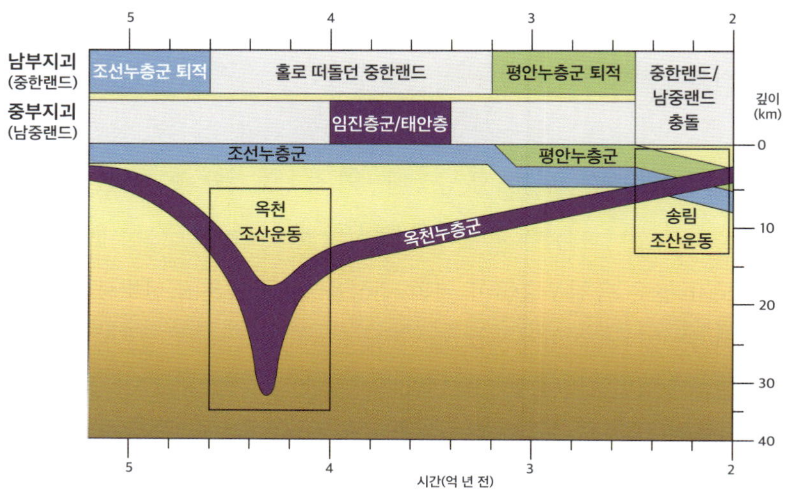

그림 70 한반도 중부지괴와 남부지괴의 고생대 진화 과정 요약.

5억 2,000만~4억 6,000만 년 전, 남부지괴의 태백산분지에 조선누층군이 퇴적되었다. 4억 6,000만~4억 년 전, 중부지괴 충청분지의 옥천누층군이 중압중온형 변성작용을 받았는데 이 변성작용은 옥천조산운동의 결과이다. 이 기간에 남부지괴가 속한 중한랜드는 홀로 떠돌던 대륙이었다. 4억~3억 4,000만 년 전, 중부지괴에 임진층군(황해도 지역)과 태안층(충남 태안반도 지역)이 퇴적되었다. 3억 2,000만~2억 5,000만 년 전, 남부지괴의 태백산분지에 평안누층군이 퇴적되었다. 2억 5,000만~2억 년 전 중한랜드와 남중랜드의 충돌에 의해 송림조산운동이 일어났다. 이 충돌로 옥천누층군이 조선누층군/평안누층군 위로 밀려 올라갔다(Cho and Kim, 2005에서 수정).

4억 6,000만 년에서 4억 년 전에 일어났음을 보여 준다. 같은 시기 남중국에서 일어난 우윤조산운동은 캐타이시아지괴가 양쯔지괴 밑으로 밀려 내려가는 대륙 내 섭입작용에 의해 일어났다는 해석(Faure et al., 2009)도 있고, 캐타이시아지괴가 양쯔지괴 위로 밀려 올라가는 과정에서 일어났다는 상반된 주장(Li et al., 2010)도 있다.

나는 중기 고생대 옥천조산운동이 일어났을 때 옥천누층군이 지하 20~30km까지 내려갔고, 그곳에서 옥천누층군은 녹색편암상에서 각섬암상에 이르는 변성작용을 겪었으며, 아울러 연성延性 변형작용에 의해 등사습곡이 지배하는 지질구조가 만들어진 것으로 해석했다.

중기 고생대 기간에 각각 독립적으로 떠돌던 중한랜드와 남중랜드는 약 2억 5,000만 년 전에 충돌하기 시작했는데, 그림 53에 표현한 것처럼 술루대-임진강대를 따라 남중랜드판이 중한랜드판 밑으로 섭입하는 움직임이 일어났고, 남한구조선을 따라 충청분지와 태백산분지가 충돌했다. 이 과정에서 충청분지의 옥천누층군이 태백산분지의 고생대층 위로 밀려 올라가는 구조운동이 일어났다. 그 결과 변성도가 높은 옥천누층군이 변성도가 낮은 태백산분지의 고생대층 위에 놓였다. 2억 5,000만 년 전에 시작된 중한랜드와 남중랜드의 충돌 직전 옥천누층군과 조선누층군/평안누층군의 모습을 그려 보면, 옥천누층군은 중기 고생대(4억 6,000만~4억 년 전)에 중압중온형 변성작용을 받아 충분히 단단했던 반면, 조선누층군/평안누층군은 퇴적된 이후 깊이 매몰된 적이 없었기 때문에 암석이 덜 단단한 상태였다.

단단한 옥천누층군과 덜 단단한 태백산분지의 고생대층이 충돌했을 때, 덜 단단한 고생대층이 쉽게 변형되었기 때문에 충청분지 가까이 있었던 제천-영월 지역의 고생대층은 수많은 충상단층衝上斷層이 겹쳐진 복잡한 변형의 역사를 겪었다(그림 71). '충상단층'이란 단층 경사면이 완만한 역단층逆斷層의 일종으로, 단층면의 경계에서 나이 많은 지층이 젊은 지층 위에 놓여 있는 모습을 보여 준다. 한편, 충청분지에서 멀리 떨어진 태백 지역에서는 충상단층보다 큰 규모의 향

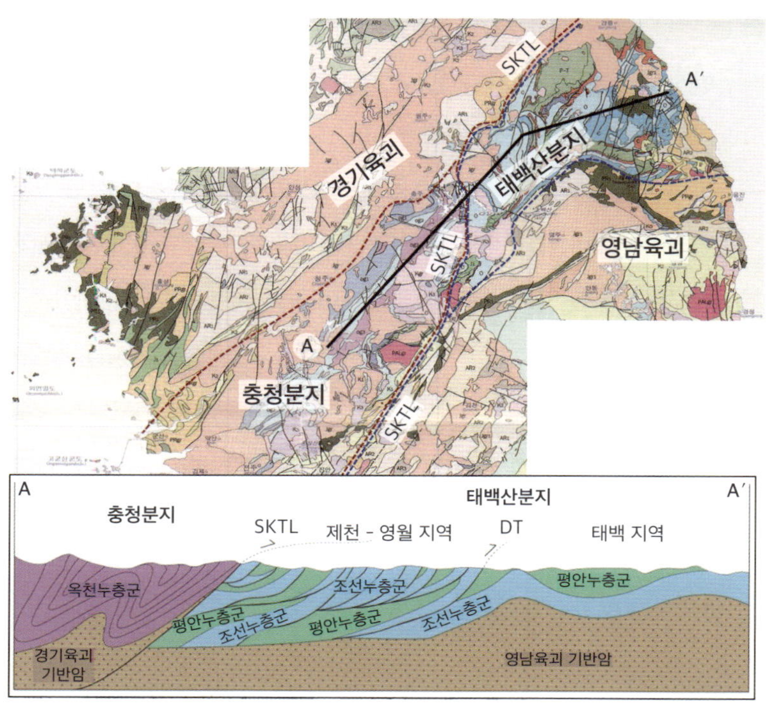

그림 71 옥천대의 지질도와 개념적인 지질 단면도.

아래의 지질 단면도는 위에 있는 지질도의 A-A′ 선을 따라 그린 것이다. 남한구조선(SKTL)을 경계로 충청분지와 태백산분지의 지질구조는 뚜렷한 차이를 보인다. 충청분지의 옥천누층군은 주로 등사습곡이 지배하고, 제천-영월 지역의 고생대층(조선누층군과 평안누층군)은 수많은 충상단층에 의해 지층들이 복잡하게 겹쳐 있으며, 태백 지역의 고생대층은 큰 규모의 향사구조와 배사구조가 특징이다(DT: 덕포리단층).

사와 배사구조가 만들어졌다. 태백산분지의 고생대층에서 관찰되는 이러한 지질구조 특성은 트라이아스기에 일어난 송림조산운동의 결과이다.

요약하면, 트라이아스기에 중한랜드와 남중랜드가 충돌했을 때

이미 중압중온형 변성작용을 겪은 충청분지의 옥천누층군이 거의 변성을 받지 않은 태백산분지의 조선누층군과 평안누층군 위로 밀려 올라갔고, 결과적으로 지금처럼 변성도에서 뚜렷한 차이를 보여 주는 옥천대가 형성되었다.

맺음말

지질학자는 시간 여행자

지질학은 역사과학으로 암석을 연구해 땅덩어리의 역사를 알아내는 자연과학의 한 분야이다. 암석을 계속 공부하다 보면 지질학자는 자연스럽게 시간 여행자가 된다. 나의 경우 몸은 21세기에 있지만, 머릿속은 온통 5억 년 전 세계를 헤매고 있다.

1980년대 중반 태백산분지를 처음 연구하기 시작했을 때, 나는 우리나라에 어떤 종류의 삼엽충들이 살았는지 알아내겠다는 1차적 연구 목표를 세웠다. 삼엽충 화석을 연구하려고 한 것은 삼엽충이 암석의 지질시대를 정확히 알려 주기 때문이었다. 운 좋게도 우수한 대학원생들과 함께 10여 년을 연구한 결과, 태백산분지에 있는 삼엽충 화석의 현황을 알아낼 수 있었다. 그리고 태백산분지의 조선누층군이 5억 2,000만 년에서 4억 6,000만 년 전 바다에서 쌓였다는 것을 알게 되었다.

그다음에는 삼엽충이 살았던 5억 년 전 무렵 태백산분지는 어떤 모습이었는지 궁금했다. 연구를 시작할 때는 태백산분지의 퇴적층이 태평양 같은 대양의 가장자리에 있던 바다에서 쌓였을 것으로 생각했다. 태평양처럼 넓은 바다는 육지에서 가까운 순서에 따라 대륙붕, 대륙사면, 대륙대, 심해저평원으로 이어진다. 대륙붕은 육지에 가까운 지역으로 수심 200m 미만의 얕은 지역이다. 대륙붕 끝에 이르면 경사가 갑자기 급해지는 구간이 있는데, 이 부분을 대륙사면이라고 부르며 수심은 최대 3,500m에 이른다. 대륙대와 심해저평원은 그보다 더 깊은 곳이다.

그런데 연구를 진행하면서 태백산분지에서 만난 캄브리아-오르도비스기 퇴적암들이 모두 대륙붕 환경에서 쌓였다는 것을 알게 되었다. 대륙붕과 대륙사면은 지리적으로 이어져 있기 때문에 만약 태평양 같은 바다에서 쌓였다면, 태백산분지 어딘가에 대륙사면에서 쌓인 퇴적층이 있어야 했다. 나는 태백산분지를 조사하면서 한동안 대륙사면 퇴적층을 찾아다녔다. 하지만 태백산분지 어디에서도 대륙사면 퇴적층을 만날 수 없었다.

10여 년이 흐른 2007년 어느 날, 태백산분지가 어쩌면 태평양 같은 대양과 연결된 바다가 아닐 수도 있겠다는 생각이 떠올랐다. 대륙사면에서 쌓인 퇴적암이 없다는 사실은 태백산분지가 대륙사면으로 이어진 바다가 아니었다는 뜻이다. 마치 오늘날의 서해처럼……. 나는 태백산분지가 서해 같은 바다였다는 생각을 바탕으로 약 5억 년 전 한반도 주변의 고지리도를 새롭게 그려 보았다. 현재의 한반도를 이루는 땅덩어리가 당시에는 크게 북부지괴, 중부지괴, 남부지괴

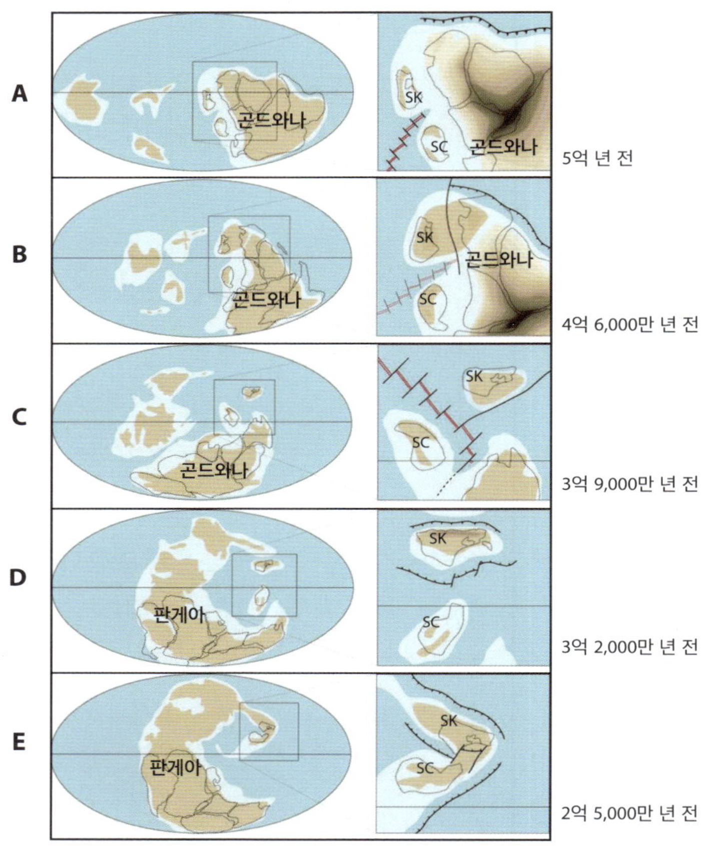

그림 72 고생대 기간의 시대별 고지리도.
SK: 중한랜드, SC: 남중랜드.

로 나뉘어 있었다. 이들은 모두 곤드와나라고 하는 커다란 대륙의 가장자리에 있었으며, 북부지괴와 남부지괴는 중한랜드에, 중부지괴는 남중랜드에 속했다.

약 5억 2,000만 년 전에 전 지구적으로 일어난 해수면 상승에 의해 중한랜드 주변에 연해가 생겨났고(그림 72A), 이 연해에 캄브리아-오르도비스기 동안 쌓인 퇴적층이 '조선누층군'이다. 나는 이 연해에 '조선해'라는 이름을 붙였다. 조선해는 4억 6,000만 년 전에 사라졌는데, 그 원인은 중한랜드 서쪽 가장자리에 생겨난 해령 때문이었다(그림 72B). 이 해령이 확장되면서 중한랜드는 곤드와나 대륙에서 떨어져 나왔다. 중한랜드가 곤드와나 대륙에서 떨어져 나오는 과정에 일어난 화산 활동의 흔적이 문경 지역의 옥녀봉층에 남아 있다.

중한랜드가 곤드와나 대륙에서 완전히 떨어져 나온 시점은 약 4억 4,000만 년 전이었으며, 이후 중한랜드는 1억 년이 넘도록 마치 뗏목처럼 조용히 이동하다가(그림 72C) 3억 2,000만 년 전 조선누층군 위에 석탄-페름기 퇴적층이 쌓이기 시작했다. 이 퇴적물은 중한랜드 북쪽(중국의 네이멍구와 지린성 일대)에 생겨난 높은 산악지대(내몽고고융기대)에서 공급되었다(그림 72D). 이 석탄-페름기 퇴적층은 '평안누층군'으로 불리며, 주로 연안 환경과 하천 환경에서 퇴적되었다. 석탄-페름기 퇴적작용은 2억 5,000만 년 전 중한랜드와 남중랜드가 충돌하면서 끝났고(그림 72E), 이 충돌에 의해 오늘날 동아시아 대륙의 원형原型이 완성되었다.

2022년 5월, 오래간만에 태백산 정상에 올랐다. 태백산 정상의 능선을 따라 걸으면 5억 2,000만 년 전 조선해가 바다로 막 태어날 무렵 바닷가에 쌓였던 암석을 만날 수 있다(그림 73). 태백산 정상에서

그림 73 태백산 정상 부근의 능선과 능선 중간에 드러나 있는 역암과 사암. 사진의 암석은 장산층에 속하며, 5억 2,000만 년 전 바닷가에서 퇴적되었다.

동쪽과 북쪽 방향으로 바라보이는 산들의 암석은 모두 고생대 때 쌓였다. 태백산 정상에서 바라본 산악지대는 우리가 '태백산분지'라고 부르는 곳으로, 지금은 해발 1,000m가 넘는 산들이 줄지어 있지만, 5억 년 전에는 오늘날의 서해처럼 얕은 바다였다.

태백산분지는 캄브리아-오르도비스기와 석탄-페름기 지층들이 차곡차곡 쌓여, 한반도의 고생대 역사를 완벽하게 보관한 사고史庫라고 할 수 있다. 지난 30여 년 동안 이 사고에 보관된 기록들을 해독하는 과정에서 고생대로의 시간 여행을 할 수 있었던 것은 엄청난 행운이었다.

인생의 대부분을 한반도 땅의 역사를 밝히는 데 노력해 온 지질학자로서 일반인들도 우리 땅의 역사에 관심을 가져 주길 바란다. 지금도 우리나라 곳곳에서는 많은 지질학자들이 산과 들을 헤매면서 과거로의 시간 여행을 하고 있다. 이 책을 읽으면서 독자들도 나와 함께 과거로의 시간 여행을 하는 간접 경험을 할 수 있기를 기대해 본다.

참고문헌

김옥준(1968). 「충주-문경간의 옥천계의 층서와 구조」. 『광산지질』 v. 1, pp. 35-46.

김옥준·이하영·이대성·윤석규(1973). 「남한 대석회암통의 층서와 지질구조」. 『광산지질』 v. 6, pp. 81-114.

김옥준·정봉일·엄상호·장기홍·박봉순·강필종(1980). 「한반도의 지진지체구조 분석에 관한 연구」. 『과학기술처』, p. 159.

김정환(1999). 「구조운동과 구조운동사」. 대한지질학회(편집). 『한국의 지질』. 시그마프레스, pp. 342-361.

손장원·김동희·최덕근(2001). 「단양군 어상천면 삼태산 부근 캄브리아-오르도비스계의 층서」. 『고생물학회지』 v. 17, pp. 23-34.

손치무(1970). 「옥천층군의 지질시대에 관한 토론」. 『광산지질』 v. 3, pp. 231-244.

손치무·김형식·백광호·이명환(1969). 「예미-영월 일대의 지질구조」. 『지질학회지』 v. 5, pp. 123-143.

이대성·장기홍·이하영(1972). 「옥천계내 향산리돌로마이트층에서의 Archaecyatha의 발견과 그 의의」. 『지질학회지』 v. 8, pp. 191-197.

이민성·박봉순(1965). 「한국지질도, 황강리도폭(1:50,000)」. 국립지질조사소.

조등룡·박준범·고희재·이승렬(2009). 「옥천대 옥녀봉층에서 최초로 보고되는 조선누층군 최상부의 후기 오도비스기(442-452Ma) 화산작용」. 『한국광물학회·한국암석학회 2009년 공동학술발표회 논문집』, pp. 74-75.

최덕근(2009). 「태백산분지 삼엽충 화석군과 한반도의 전기 고생대 고지리·고환경 복원에서 그들의 중요성」. 『고생물학회지』 v. 25, pp. 129-148.

최덕근(2014). 『한반도 형성사』. 서울대학교출판문화원.

태백산지구지하자원조사단(1962). 『태백산지구 지질과 광물자원 보고서』. 대한지질학회.

Chang, K.-H., Suzuki, K., Park, S.-O., Ishida, K., and Uno, K.(2003). Recent advances in the Cretaceous stratigraphy of Korea. *Journal of Asian Earth Sciences*, v. 21, pp. 937-948.

Cho, D. L., Lee, S. R., Koh, H. J., Park, J. B., Armstrong, R., and Choi, D. K.(2014). Late Ordovician volcanism in Korea constrains the timing for breakup of Sino-Korean Craton from Gondwana. *Journal of Asian Earth Sciences*, v. 96, pp. 279-286.

Cho, M. and Kim, H.(2005). Metamorphic Evolution of the Ogcheon Belt, Korea: A Review and New Age Constraints. *International Geology Review*, v. 47, pp. 41-57.

Choi, D. K.(1998). The Yongwol Group (Cambrian-Ordovician) redefined: a proposal for the stratigraphic nomenclature of the Choson Supergroup. *Geosciences Journal*, v. 2, pp. 220-234.

Choi, D. K.(2019a). Evolution of the Taebaeksan Basin, Korea: I, early Paleozoic sedimentation in an epeiric sea and break-up of the Sino-Korean Craton from Gondwana. *Island Arc*, 2019:28:e12275.

Choi, D. K.(2019b). Evolution of the Taebaeksan Basin, Korea: II, late Paleozoic sedimentation in a retroarc foreland basin and assembly of the proto-Korean Peninsula. *Island Arc*, 2019:28:e12277.

Choi, D. K. and Chough, S. K.(2005). The Cambrian-Ordovician stratigraphy of the Taebaeksan Basin, Korea: a review. *Geosciences Journal*, v. 9, pp. 187-214.

Choi, D. K. and Lee, Y. I.(1988). Invertebrate Fossils from the Dumugol Formation (Lower Ordovician) of Dongjeom Area, Korea. *Journal of the Geological Society of Korea*, v. 24, pp. 289-305.

Choi, D. K. and Lee, D. C.(1993). Ontogeny and Cephalic Structures of Asaphid Trilobite *Dolerobasilicus* from Korea. *Journal of the Geological Society of Korea*, v. 29, pp. 73-83.

Choi, D. K. and Park, T. Y.(2017). Recent advances of trilobite research in Korea: Taxonomy, biostratigraphy, paleogeography, and ontogeny and phylogeny. *Geosciences Journal*, v. 21, pp. 891-911.

Choi, D. K., Kim, D. H., and Sohn, J. W.(2001). Ordovician trilobite faunas and depositional history of the Taebaeksan Basin, Korea: Implications for palaeogeography. *Alcheringa*, v. 25, pp. 53-68.

Choi, D. K., Lee, J. G., and Sheen, B. C.(2004a). Upper Cambrian agnostoid trilobites from the Machari Formation, Yongwol, Korea. *Geobios*, v. 37, pp. 159-189.

Choi, D. K., Chough, S. K., Kwon, Y. K., Lee, S.-B., Woo, J., Kang, I., Lee, H. S., Lee, S. M., Sohn, J. W., Shinn Y. J., and Lee, D. J.(2004b). Taebaek Group (Cambrian-Ordovician) in the Seokgaejae section, Taebaeksan Basin: a refined lower Paleozoic stratigraphy in Korea. *Geosciences Journal*, v. 8, pp. 125-151.

Choi, D. K., Kim, E.-Y., and Lee, J. G.(2008). Upper Cambrian polymerid trilobites from the Machari Formation, Yongwol, Korea. *Geobios*, v. 41, pp. 183-204.

Choi, D. K., Woo, J., and Park, T.-Y.(2012). The Okcheon Supergroup in the Lake Chungju area, Korea: Neoproterozoic volcanic and glaciogenic sedimentary successions in a rift basin. *Geosciences Journal*, v. 16, pp. 229-252.

Choi, D. K., Lee, J. G., Lee, S.-B., Park, T.-Y. S., and Hong, P. S.(2016). Trilobite Biostratigraphy of the lower Paleozoic (Cambrian-Ordovician) Joseon Supergroup, Taebaeksan Basin, Korea. *Acta Geologica Sinica* (English Edition), v. 90, pp. 1976-1999.

Cluzel, D., Lee, B.-J., and Cadet, J.-P.(1991). Indosinian dextral ductile fault system and synkinematic plutonism in the southwest of the Ogcheon belt (South Korea). *Tectonophysics*, v. 194, pp. 131-151.

Edgecombe, G. D., Banks, M. R., and Banks, D. M.(2004). Late Ordovician trilobites from Tasmania: Styginidae, Asaphidae and Lichidae. *Memoirs of the Association of Australasian Palaeontologists*, v. 30, pp. 59-77.

Evans, D. A. D.(2009). The palaeomagnetically viable, long-lived and all-inclusive Rodinia supercontinent reconstruction. In: J. B. Murphy, J. D. Keppie, and A. J. Hynes (Eds.), Ancient Orogens and Modern Analogues. *Geological Society, London, Special Publications*, v. 327, pp. 371-404.

Faure, M., Shu, L., Wang, B., Charvet, J., Choulet, F., and Monie, P.(2009). Intracontinental subduction: a possible mechanism for the Early Palaeozoic Orogen of SE China. *Terra Nova*, v. 21, pp. 360-368.

Guo, H.-J. and Duan, J.-Y.(1978). Cambrian and Early Ordovician trilobites from northeastern Hebei and Western Liaoning. *Acta Palaeontologica Sinica*, v. 17, pp. 439-460.

Hoffman, P. F., Kaufman, A. J., Halverson, G. P., and Schrag, D. P.(1998). A Neoproterozoic Snowball Earth. *Science*, v. 281, pp. 1342-1346.

Hong, P. S. and Choi, D. K.(2015). Cambrian series 3 agnostoid trilobites *Ptychagnostus sinicus* and *Ptychagnostus atavus* from the Machari Formation, Yeongwol Group, Taebaeksan Basin, Korea. *Journal of Paleontology*, v. 89, pp. 377-384.

Hughes, N. C., Myrow, P. M., McKenzie, N. R., Harper, D. A. T., Bhargava, O. N., Tangri, S. K., Ghalley, K. S., and Fanning, C. M.(2011). Cambrian rocks and faunas of the Wachi La, Black Mountains, Bhutan. *Geological Magazine*, v. 148, pp. 351-379.

Kim, H. S.(1971). Metamorphic Facies and Regional Metamorphism of Ogcheon Metamorphic Belt. *Journal of the Geological Society of Korea*, v. 7, pp. 221-256.

Kim, J. H.(1987). Caledonian Ogcheon Orogeny of Korea with special reference to the Ogcheon uraniferous marine black slate. Ph.D. thesis, University of Tokyo.

Kim, D. H. and Choi, D. K.(2000a). *Jujuyaspis* and associated trilobites from the Mungok Formation (Lower Ordovician), Yongwol, Korea. *Journal of Paleontology*, v. 74, pp. 1031-1042.

Kim, D. H. and Choi, D. K.(2000b). Lithostratigraphy and biostratigraphy of the Mungok Formation (Lower Ordovician), Yongwol, Korea. *Geosciences Journal*, v. 4, pp. 301-311.

Kim, K. H., Choi, D. K., and Lee, C. Z.(1991). Trilobite biostratigraphy of the Dumugol Formation (Lower Ordovician) of Dongjeom area, Korea. *Journal of the Paleontological Society of Korea*, v. 7, pp. 106-115.

Kirschvink, J. L.(1992). Late Proterozoic Low-Latitude Global Glaciation: The Snowball Earth. In: J. W. Schopf and C. Klein (Eds.), *The Proterozoic Biosphere: A Multidisciplinary Study*. Cambridge University Press, pp. 51-52.

Kobayashi, T.(1933). A sketch of Korean geology. *American Journal of Science*, v. 26, pp. 585-606.

Kobayashi, T.(1934a). The Cambro-Ordovician Formations and Faunas of South Chosen, Part I, Middle Ordovician Faunas. *Journal of the Faculty of Science, Imperial University of Tokyo*, Section II, v. 3, pp. 329-519.

Kobayashi, T.(1934b). The Cambro-Ordovician Formations and Faunas of South Chosen, Palaeontology, Part II, Lower Ordovician Faunas. *Journal of the Faculty of Science, Imperial University of Tokyo*, Section II, v. 3, pp. 521-585.

Kobayashi, T.(1935). The Cambro-Ordovician formations and faunas of South Chosen, Palaeontology, Part III, Cambrian Faunas of South Chosen with a special study on the Cambrian Trilobite Genera and Families. *Journal of the Faculty of Science, Imperial University of Tokyo*, Section II, v. 4, pp. 49-344.

Kobayashi, T.(1942a). Two New Trilobites Genera, *Hamashania* and *Kirkella*. *Journal of the Geological Society of Japan*, v. 49, pp. 37-40.

Kobayashi, T.(1942b). The Rakuroan Complex of the Shansi Basin and its Surroundings. Miscellaneous Notes on the Cambro-Ordovician Geology and Palaeontology VIII. *Japanese Journal of Geology and Geography*, v. 18, pp. 283-306.

Kobayashi, T.(1953). The Cambro-Ordovician formations and faunas of South Korea, Part IV, Geology of South Korea with special reference to the Limestone Plateau of

Kogendo. *Journal of the Faculty Science, University of Tokyo*, Section II, v. 8, pp. 145-293.

Kobayashi, T.(1960a). The Cambro-Ordovician formations and faunas of South Korea, Part VI, Paleontology V. *Journal of the Faculty of Science, University of Tokyo*, Section II, v. 12, pp. 217-275.

Kobayashi, T.(1960b). The Cambro-Ordovician formations and faunas of South Korea, Part VII, Paleontology VI. *Journal of the Faculty of Science, University of Tokyo*, Section II, v. 12, pp. 329-420.

Kobayashi, T.(1962). The Cambro-Ordovician formations and faunas of South Korea, Part IX, Paleontology VIII, The Machari fauna. *Journal of the Faculty of Science, University of Tokyo*, Section II, v. 14, pp. 1-152.

Kobayashi, T.(1967). The Cambro-Ordovician formations and faunas of South Korea, Part X, Stratigraphy of the Chosen Group in Korea and South Manchuria and its relation to the Cambro-Ordovician formations of other areas, Section C, The Cambrian of eastern Asia and other parts of the continent. *Journal of the Faculty of Science, University of Tokyo*, Section II, v. 16, pp. 381-535.

Kobayashi, T., Yosimura, I., Iwaya, Y., and Hukasawa, T.(1942). The Yokusen Geosyncline in the Chosen Period-Brief Notes on the Geological History of the Yokusen Orogenic zone. *Proceedings of the Imperial Academy of Tokyo*, v. 18, pp. 579-584.

Lee, D. C. and Choi, D. K.(1992). Reappraisal of the Middle Ordovician Trilobites from the Jigunsan Formation, Korea. *Journal of the Geological Society of Korea*, v. 28, pp. 167-183.

Lee, H.-Y., Yu, K. M., and Lee, S. J.(1989a). Discovery of Microfossils from Limestone Pebbles of the Hwanggangri Formation and their Stratigraphic Significance. *Journal of the Geological Society of Korea*, v. 25, pp. 1-15.

Lee, J. H., Lee, H. Y., Yu, K. M., and Lee, B. S.(1989b). Microfossils from the limestone pebbles of the Hwanggangri Formation and the Hyangsanri Dolomite in the Okcheon Zone, South Korea. *Journal of the Paleontological Society of Korea*, v. 5, pp. 91-101.

Lee, J. G., Choi, D. K., and Pratt, B. R.(2001). A Teratological Pygidium of the Upper Cambrian Trilobite *Eugonocare* (*Pseudeugonocare*) *Bispinatum* from the Machari Formation, Korea. *Journal of Paleontology*, v. 75, pp. 216-218.

Li, Z.-X., Li, X.-H., Wartho, J.-A., Clark, C., Li, W.-X., Zhang, C.-L., and Bao, C.(2010). Magmatic and metamorphic events during the early Paleozoic

Wuyi-Yunkai orogeny, southeastern South China: New age constraints and pressure-temperature conditions. *The Geological Society of America Bulletin*, v. 122, pp. 772-793.

McKenzie, N. R., Hughes, N. C., Myrow, P. M., Choi, D. K., and Park, T.-Y.(2011). Trilobites and zircons link north China with the eastern Himalaya during the Cambrian. *Geology*, v. 39, pp. 591-594.

Park, K. H., Choi, D. K., and Kim, J. H.(1994). The Mungog Formation (Lower Ordovician) in the Northern Part of Yeongweol Area: Lithostratigraphic Subdivision and Trilobite Faunal Assemblages. *Journal of the Geological Society of Korea*, v. 30, pp. 168-181.

Ree, J. H., Kwon, S.-H., and Park, Y. D.(2001). Pretectonic and posttectonic emplacements of the granitoids in the south central Okchon belt, South Korea: Implications for the timing of strike-slip shearing and thrusting. *Teconics*, v. 20, pp. 850-867.

Reedman, A. J., Fletcher, C. J. N., Evans, R. B., Workman, D. R., Yoon, K. S., Rhyu, H. S., Jeong, S. W., and Park, J. N.(1973). Geological, geophysical, and geochemical investigations in the Hwanggangri area, Chungcheong bug-do. *Report of Geological and Mineralogical Institute of Korea*, v. 1, pp. 11-19.

Scotese, C. R. and McKerrow, W. S.(1991). Ordovician plate tectonic reconstructions. In: C. R. Barnes and S. H. Williams (Eds.). *Advances in Ordovician Geology, Geological Survey of Canada*, Paper, v. 90-9, pp. 271-282.

Shergold, J. H.(1991). The Pacoota Sandstone, Amadeus Basin, Northern Territory: stratigraphy and palaeontology. *Bureau of Mineral Resources, Geology and Geophysics* (Australia), Bulletin, v. 237, p. 93.

Shergold, J. H., Laurie, J. R., and Shergold, J. E.(2007). Cambrian and Early Ordovician trilobite taxonomy and biostratigraphy, Bonaparte Basin, Western Australia. *Memoirs of the Association of Australasian Palaeontologists*, v. 34, pp. 17-86.

Sohn, J. W. and Choi, D. K.(2005). Late Cambrian trilobite *Hamashania* from Korea. *Alcheringa*, v. 29, pp. 195-203.

Sun, Y. C.(1924). Contributions to the Cambrian faunas of North China. *Palaeontologia Sinica*, Series B, v. 1, pp. 1-109.

Sun, Y. C.(1935). The Upper Cambrian trilobite-faunas of North China. *Palaeontologia Sinica*, Series B, v. 7, pp. 1-69.

Walcott, C. D.(1905). Cambrian faunas of China. *Proceedings of the U.S. National Museum*, v. 29, pp. 1-106.

Yamanari, F.(1926). On the imbricated structure in Kogendo. *Geological Review of Japan*, v. 2, pp. 572-590. (in Japanese)

Yosimura, I.(1940). Geology of the Neietsu District, Kogendo, Tyosen. *Journal of the Geological Society of Japan*, v. 47, pp. 112-122. (in Japanese)

Yu, K. M., Lee, G.-H., and Boggs, S.(1997). Petrology of late Paleozoic-early Mesozoic Pyeongan Group sandstones, Gohan area, South Korea and its provenance and tectonic implications. *Sedimentary Geology*, v. 109, pp. 321-338.

Zhang, S.-H., Zhao, Y., Song, B., Hu, J.-M., Liu, S.-W., Yang, Y.-H., Chen, F.-K., Liu, X.-M., and Liu, J.(2009). Contrasting Late Carboniferous and Late Permian-Middle Triassic intrusive suites from the northern margin of the North China craton: Geochronology, petrogenesis, and tectonic implications. *Geological Society of America Bulletin*, v. 121, pp. 181-200.

Zhang, W.-T. and Jell, P. A.(1987). *Cambrian Trilobites of North China-Chinese Cambrian Trilobites Housed in the Smithsonian Institution*. Science Press, p. 459.

Zhao, G. and Cawood, P. A.(2012). Precambrian geology of China. *Precambrian Research*, v. 222-223, pp. 13-54.

Zhu, N.-W.(1992). Trilobita. In *Paleontological Atlas of Jilin, China*. Bureau of Geology and Mineral Resources of Jilin Province, Jilin Science and Technology Publishing House, pp. 334-369.